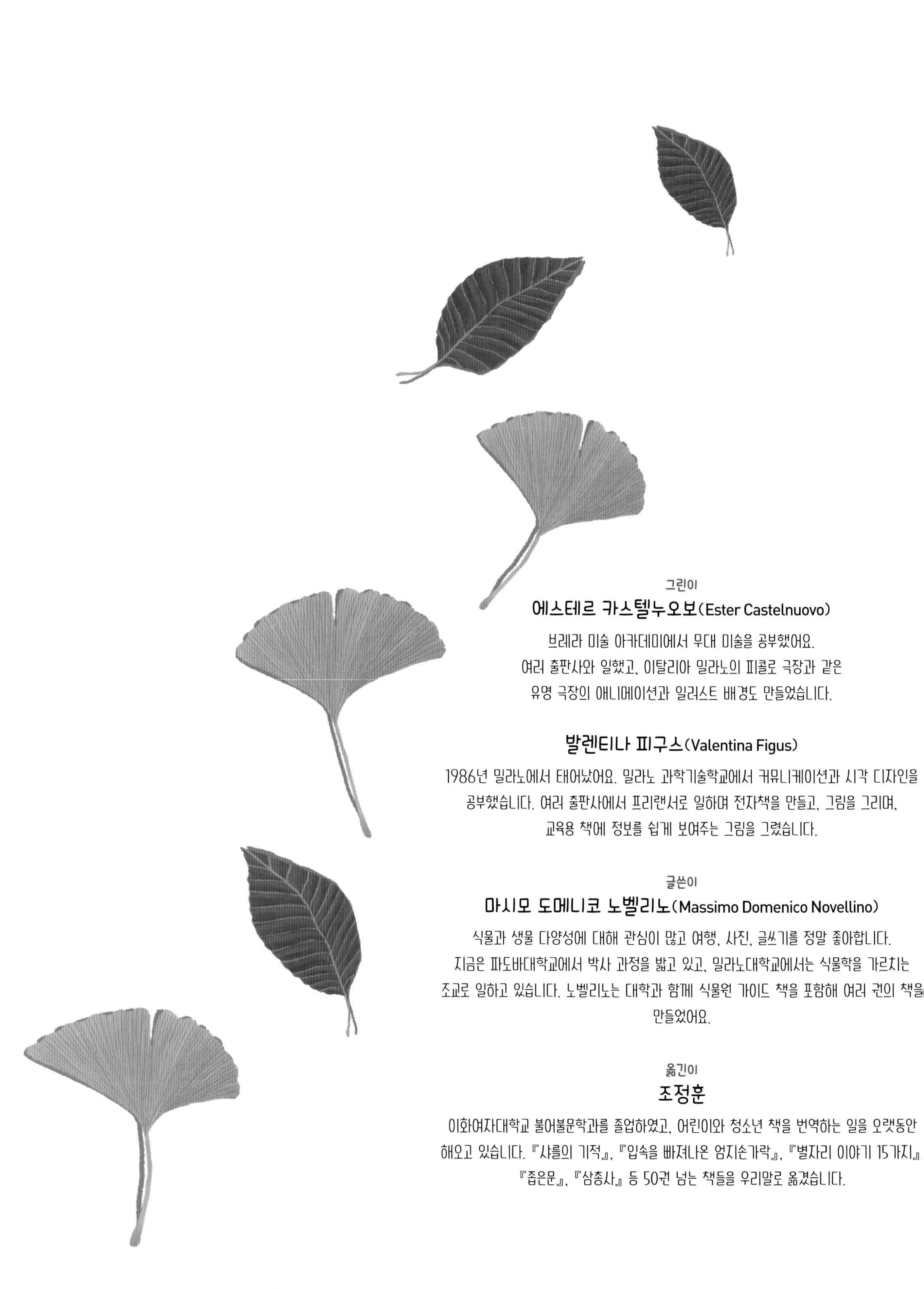

그린이

에스테르 카스텔누오보(Ester Castelnuovo)

브레라 미술 아카데미에서 무대 미술을 공부했어요.
여러 출판사와 일했고, 이탈리아 밀라노의 피콜로 극장과 같은
유명 극장의 애니메이션과 일러스트 배경도 만들었습니다.

발렌티나 피구스(Valentina Figus)

1986년 밀라노에서 태어났어요. 밀라노 과학기술학교에서 커뮤니케이션과 시각 디자인을
공부했습니다. 여러 출판사에서 프리랜서로 일하며 전자책을 만들고, 그림을 그리며,
교육용 책에 정보를 쉽게 보여주는 그림을 그렸습니다.

글쓴이

마시모 도메니코 노벨리노(Massimo Domenico Novellino)

식물과 생물 다양성에 대해 관심이 많고 여행, 사진, 글쓰기를 정말 좋아합니다.
지금은 파도바대학교에서 박사 과정을 밟고 있고, 밀라노대학교에서는 식물학을 가르치는
조교로 일하고 있습니다. 노벨리노는 대학과 함께 식물원 가이드 책을 포함해 여러 권의 책을
만들었어요.

옮긴이

조정훈

이화여자대학교 불어불문학과를 졸업하였고, 어린이와 청소년 책을 번역하는 일을 오랫동안
해오고 있습니다. 『샤를의 기적』, 『입속을 빠져나온 엄지손가락』, 『별자리 이야기 15가지』
『좁은문』, 『삼총사』 등 50권 넘는 책들을 우리말로 옮겼습니다.

나무들의 비밀

그림
에스테르 카스텔누오보
발렌티나 피구스

글
마시모 도메니코 노벨리노

아름주니어

차례

우리 주변에 나무들이 이렇게 많은데도
눈에 잘 띄지 않는 이유는 무엇일까요?

우리는 항상 조용하고 움직임이 없는 친구들과 함께 사는 것에 익숙해져서
그들이 우리처럼 살아있는 생명체라는 사실을 잊어버리곤 합니다.
하지만 나무들도 우리처럼 태어나고, 성장하고, 경쟁하며,
영양분을 섭취하고, 호흡하며, 소통합니다.
또한, 나무들도 우리처럼 몸을 움직이며 서로 깊은 우정을 나누기도 합니다.

이 책을 통해 여러분도 나무의 삶이 사람의 삶과
크게 다르지 않다는 것을 알 수 있을 것입니다!

이제 페이지를 넘기면
놀라운 사실들과 믿기 어려운 기록들을
만나볼 수 있습니다.
복잡한 과학 용어를 만나더라도 걱정하지 말아요!
페이지 밑에 있는 용어집을
참고하면 되니까요.

식물의 진화

수상식물

육상식물

관다발식물[3]

식물의 역사는 **수십억 년 전**으로 거슬러 올라갑니다. 다른 생물체와 마찬가지로 식물도 단 하나의 세포로 이루어진 조류[1]의 형태로 **바다**에 처음 등장했습니다. 그 뒤로 식물은 오늘날 지구상 어디서나 볼 수 있는 **다양한 종**으로 진화해 왔습니다.
여기 표시된 연표를 왼쪽부터 오른쪽으로 보면 식물 진화의 역사에서 가장 중요한 몇 단계를 확인할 수 있습니다.

이끼

이끼류는 가장 먼저 **물 밖으로** 나와 살기 시작한 식물 중 하나입니다. 오늘날에도 그늘지고 시원한 곳에서 쉽게 발견할 수 있습니다. 이끼는 바람에 의해 퍼져 나가는 작은 홀씨를 이용해 번식합니다.

양치식물

양치식물은 **뿌리, 줄기, 잎**을 갖춘 최초의 식물입니다. 이들은 홀씨를 통해 번식하는데, 홀씨는 잎 아랫면에 있는 작은 단추 모양의 주머니 안에 모여 있습니다. 양치식물에는 **고사리류, 석송류, 속새류**가 포함됩니다. 지금은 그 수가 적고 크기도 작지만, 과거에는 크기가 **몇 미터**까지 자라 **공룡**을 비롯한 여러 동물들의 맛있는 먹이가 되기도 했습니다.

녹조류

녹조류는 지구상에 사는 모든 식물들의 조상으로 여겨집니다. 이들은 호수나 강, 늪지, 바다 등 다양한 수중 환경에서 단일 세포로 살거나 군체[2]를 이루어 살아갑니다.

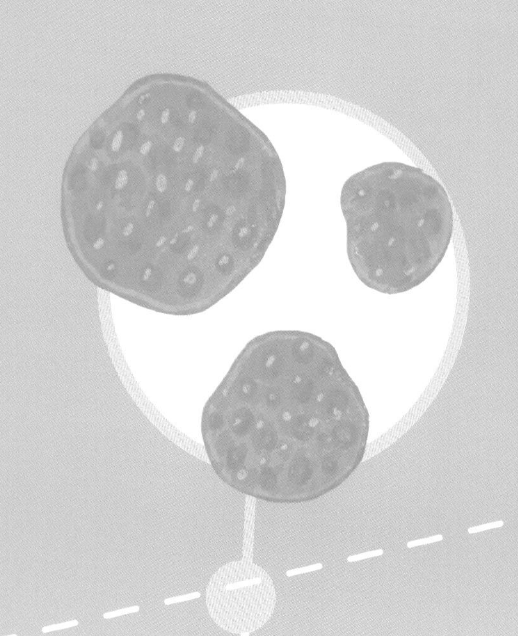

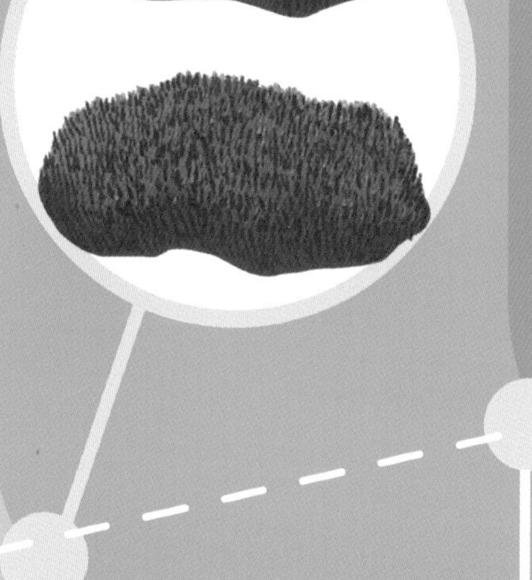

15억 년 전

5억 년 전

4억2천만 년 전

1 조류는 색소체를 가지고 광합성을 하며 물속에 사는 하등생물을 가리킵니다. (옮긴이)
2 군체란 같은 종의 생물이 집단을 이루어 어느 기간 동안 한 장소에서 사는 것을 말합니다. (옮긴이)
3 관다발식물은 뿌리, 줄기, 잎맥으로 이어지는, 식물체에 필요한 물과 양분을 옮기는 가지고 있는 식물을 말합니다. (옮긴이)

종자식물

현화식물

겉씨식물

겉씨식물은 **씨앗**이 발달한 최초의 식물입니다. 씨앗 덕분에 이끼나 양치식물과는 달리 물 없는 환경에서도 생존하고 번식할 수 있게 되었습니다.

겉씨식물에는 소나무, 전나무, 낙엽송 등의 침엽수와 일부 키 작은 **관목**[*]들이 포함됩니다.

쌍떡잎식물과 외떡잎식물

속씨식물, 또는 **현화식물**이라고도 불리는 이 식물군에는 외떡잎식물과 쌍떡잎식물이 포함됩니다. 속씨식물은 겉씨식물과 달리 곤충을 유인하기 위해 꽃을 피우고 씨앗을 보관하기 위해 열매를 맺습니다. 꽃과 열매는 효과적으로 퍼져 나가 번식 성공률을 높입니다.

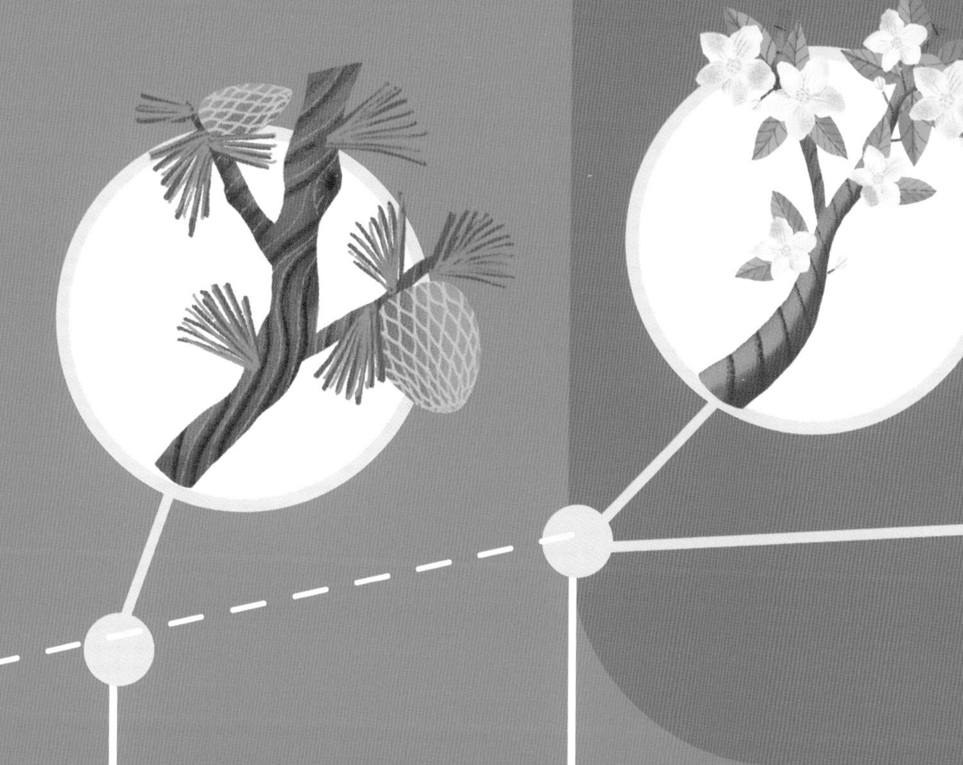

3억 년 전

1억5천만 년 전

[*] 관목은 보통 사람의 키보다 낮은 나무를 말합니다. 주요 줄기가 분명하지 않고 나무 밑둥이나 땅속 부분에서부터 줄기가 갈라지며, 떨기나무라고도 합니다. (옮긴이)

세계의 생물 군계

생물 군계는 특정한 기후 조건에 따라 사는 곳이 구분되는, 식물이 살아가는 광활한 지역을 말합니다. 이러한 생물 군계는 지역마다 독특하고 균형 잡힌 생태계를 이룹니다.

지도를 보면서 전 세계의 대표적인 생물 군계와 그 안에서 가장 흔한 식물에 대해 공부해 봅시다.

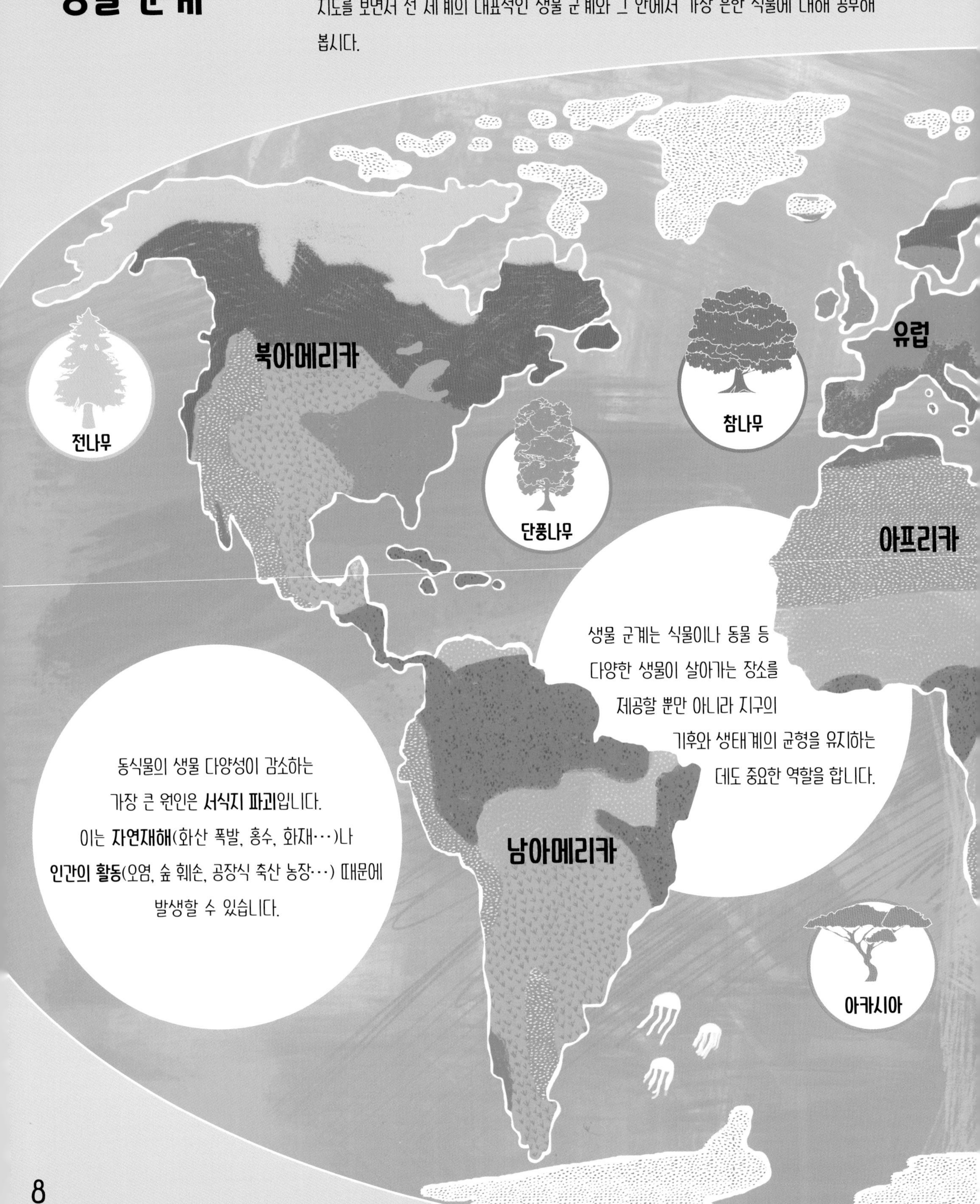

생물 군계는 식물이나 동물 등 다양한 생물이 살아가는 장소를 제공할 뿐만 아니라 지구의 기후와 생태계의 균형을 유지하는 데도 중요한 역할을 합니다.

동식물의 생물 다양성이 감소하는 가장 큰 원인은 **서식지 파괴**입니다. 이는 **자연재해**(화산 폭발, 홍수, 화재…)나 **인간의 활동**(오염, 숲 훼손, 공장식 축산 농장…) 때문에 발생할 수 있습니다.

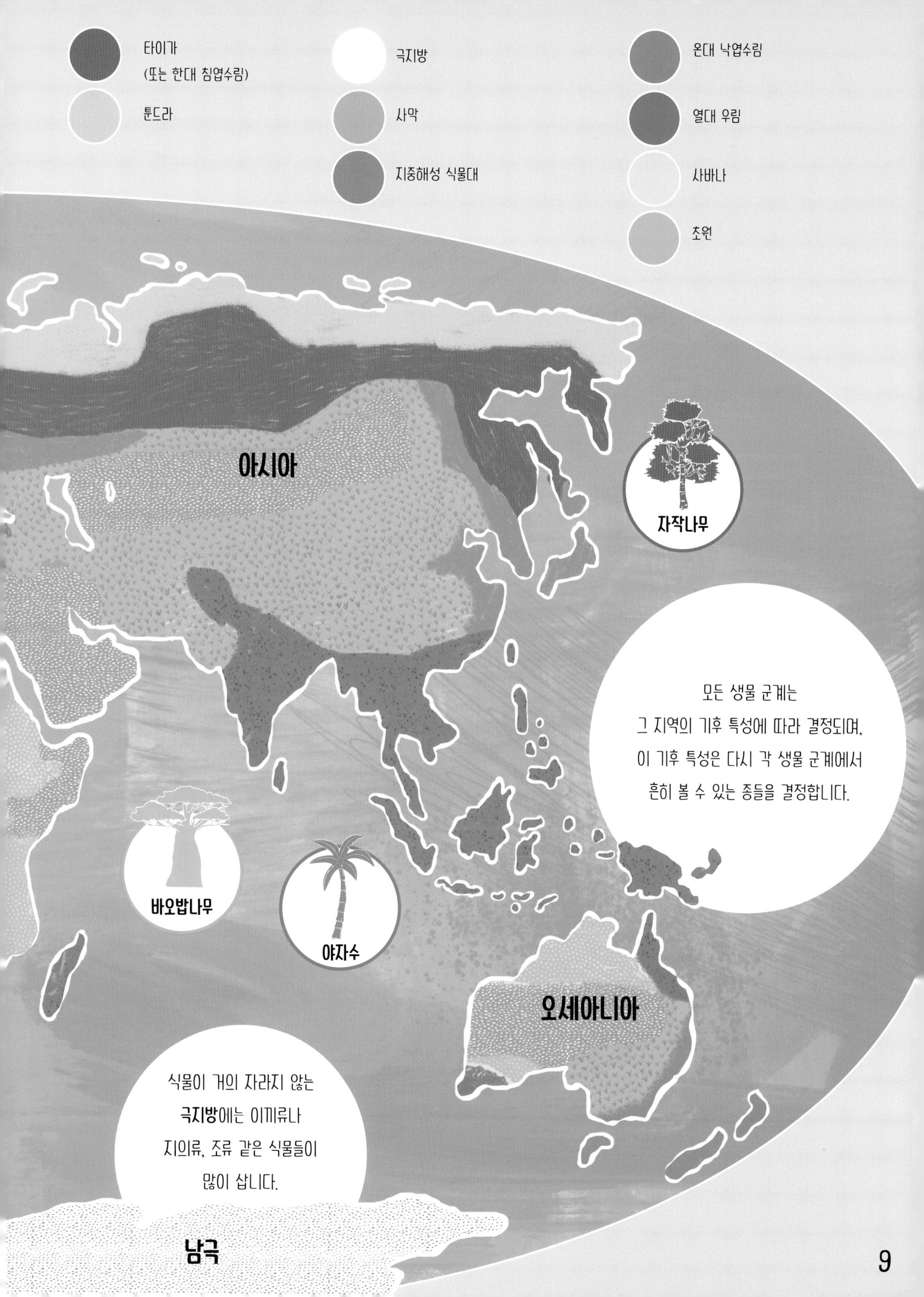
타이가
(또는 한대 침엽수림)
툰드라
극지방
사막
지중해성 식물대
온대 낙엽수림
열대 우림
사바나
초원
아시아
자작나무
모든 생물 군계는
그 지역의 기후 특성에 따라 결정되며,
이 기후 특성은 다시 각 생물 군계에서
흔히 볼 수 있는 종들을 결정합니다.
바오밥나무
야자수
오세아니아
식물이 거의 자라지 않는
극지방에는 이끼류나
지의류, 조류 같은 식물들이
많이 삽니다.
남극

각 생물 군계에서는 어떤 나무들이 자랄까요?

모든 생물 군계에서 나무가 자라는 것은 아닙니다. 예를 들어 툰드라에서는 나무를 거의 볼 수 없습니다. 대신, 툰드라에서는 주로 이끼류와 지의류가 자랍니다.

연중 강수량

최고기온과 최저기온

어떤 지역에서 어떤 나무가 자라는지 자세히 살펴보고, 이 생물 군계의 특징도 알아봅시다.

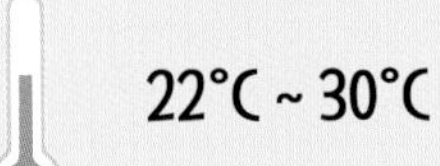
22°C ~ 30°C

10,000mm 이상!

열대 우림

열대의 숲으로 뒤덮인 이 지역은 일 년 내내 덥고 비가 많이 내리는 기후를 가지고 있습니다. 이 지역의 나무와 식물은 일 년 내내 햇빛과 물을 충분히 받아 빠르게 성장하며, 생물 다양성이 풍부한 광활한 숲을 형성합니다.

지중해성 식물대

지중해성 관목대라고도 부르는 이곳의 식물은 주로 지중해 지역에서 발견되지만, 지도에서처럼 전 세계 다른 지역에서도 흔히 볼 수 있습니다.

이 지역은 여름에는 따뜻하고 건조한 기후를, 가을과 겨울에는 온화한 기후를 유지합니다. 이러한 환경은 높은 온도에 잘 견디는 단단한 잎을 가진 나무와 관목들이 번성하기에 가장 좋습니다.

5°C ~ 40°C

300mm ~ 1,000mm

타이가(또는 한대 침엽수림)

이 생물 군계는 일 년 내내 춥고 눈이 많이 내리는 기후를 가지고 있습니다. 이러한 혹독한 환경에도 불구하고, 이 지역에는 전나무(최고의 크리스마스트리!), 소나무 같은 침엽수와 자작나무 같은 활엽수로 이루어진 드넓은 숲이 펼쳐져 있습니다.

-50°C ~ 10°C

150mm ~ 600mm

온대 낙엽수림

이 생물 군계는 온대 기후 지역에서 흔히 볼 수 있으며, 낙엽수(겨울에 잎이 지는 나무)로 이루어진 광활한 숲이 특징입니다. 이 숲에서는 너도밤나무, 단풍나무, 참나무, 피나무 등이 자라며, 계절의 변화를 뚜렷이 관찰할 수 있습니다.

-20°C ~ 35°C

500mm ~ 1,200mm

계절별 주기를 알고 싶으면 28페이지를 참조하세요.

사바나

사바나 기후는 비가 내리지 않는 건기와 비가 많이 내리는 우기로 나뉘며, 이 지역에서 가장 흔한 나무는 바오밥나무와 아카시아[1]입니다.

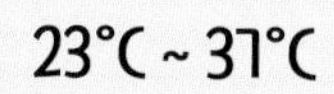

1,000mm ~ 1,500mm

1 우리나라에서 흔히 아카시아라고 부르는 아까시나무와는 다른 나무입니다. 아카시아는 호주와 아프리카의 사바나 초원에서 많이 자라며, 기린이 잎을 따먹는 나무로 유명합니다. (옮긴이)

1 장

나무의 형태와 부위

나무도 우리와 마찬가지로
다양한 신체 기관을
가지고 있습니다.

모든 나무에는 다음과 같은
세 가지 주요 기관이 있습니다.

나무관

줄기

뿌리

하지만 나무의 종에 따라
세 가지 기관의 모양과
기능은 다양하며,
때로는 매우 독특하기도 합니다.

나무의 모양

같은 종이라도 두 그루의 나무가 완전히 똑같지는 않아요. 하지만 나뭇잎이 달린 모습은 멀리서도 알아볼 수 있을 만큼 비슷합니다.

이것이 잎으로 이루어진 나무관의 주요 모양인데, 가지와 잎의 특징에 따라 다음과 같이 나눌 수 있습니다.

원뿔형/피라미드형
침엽수

기둥형
사이프러스와 일부 포플러 종들

계란형
태산목(남부목련)

구형
참나무 종들

우산형/펼침형
유럽 소나무

분수형
수양버들

나무는 다양한 기후에서 살아남기 위해 환경에 따라 모양을 바꾸는 방법을 알고 있습니다.

예를 들어, **추운 지역**에서는 영하의 기온에도 잘 견디거나, 긴 겨울을 앞두고 잎을 떨구는 나무들을 볼 수 있습니다.

그렇다면 건조한 지역의 나무들은 어떻게 적응했을까요? 이 책에서 여러 가지 적응 사례들을 알아보세요!

바오밥과 물병 나무들

건조한 환경에서 자라는 이 나무들은 물을 최대한 **끌어모으고 저장하기 위해** 나무줄기가 커다란 원통 모양으로 변했습니다. 이러한 변화 덕분에 바오밥나무는 덥고 메마른 아프리카의 여름에도 살아남을 수 있습니다.

커다란 물병과도 같아요!

사이프러스와 바람 부는 지역의 나무들

이 나무의 줄기는 매우 **튼튼하고 단단한** 나무로 되어 있습니다. 또한 줄기, 가지, 잎이 바람이 부는 방향을 따라 자라나거나 휘어지기도 합니다.

드라이어로 머리를 말리는 것과도 같아요!

뒤틀린 나무

나무가 살아가는 동안 주변의 환경은 자주 바뀝니다. 만약 여러분이 영원히 한 곳에 갇혀 살아야 하는데, 바로 옆에 바위 하나가 떨어진다면 어떻게 할까요? 바위를 피해서 살아가는 수밖에 없겠죠? 외부의 요인이 나무의 곧은 성장을 방해하면 나무는 자라면서 뒤틀리거나 기울어질 수밖에 없을 것입니다. 하지만 환경이 다시 원래 상태로 돌아오면 나무는 다시 수직으로 자라나게 될 겁니다!

나무 종들은 각각 자신이 자라온 환경에 대한 이야기를 담고 있어요!

기록에 도전하는 나무들!

세상에는 다양한 종의 나무들이 있습니다. 모든 나무들은 생존을 위해 최선의 전략을 선택해 왔습니다. 진화는 식물들의 세계에 극적인 변화를 가져다주었고, 항상 새로운 기록에 도전해 왔습니다!

세계에서 가장 큰 나무

자이언트 세쿼이아

지구상에서 가장 크고 가장 무거운 나무입니다. 캘리포니아에 살면서 거대한 숲을 이루고 있습니다.

세계에서 가장 높은 나무

세쿼이아 셈퍼바이런스

현재 세계에서 가장 키 큰 나무는 캘리포니아 해안에서 자라는 세쿼이아 셈퍼바이런스로, 레드우드라고도 불립니다.

이 세쿼이아 나무 중에는 높이가 110미터가 넘는 것도 있답니다!

30층 건물보다 큰 키!…

세계에서 가장 작은 나무

난장이버들

이 나무는 정말 작습니다. 높이는 겨우 몇 인치밖에 안 되고, 줄기에 몇 개의 잎만 나 있습니다. 난장이버들(*Salix herbacea*)은 산 근처에서 자라며, 넓은 '꼬마 숲'을 형성합니다.

세계에서 가장 오래된 나무

브리슬콘 소나무

세계에서 가장 오래된 나무는 나이가 무려 5천 살이 넘습니다!
이 나무의 잎도 수명이 매우 길어서 최대 40년까지 달려 있다고 합니다.
이 나무들 앞에서는 시간마저 멈춰 버리는 모양입니다!

가장 넓은 나무

바냔나무

인도 사람들은 바냔나무의 나무관을 신성시하며 "팀맘마 마리마누"라는 긴 이름으로 부르는데, 이 나무관의 크기는 축구 경기장 두 개를 합친 것보다도 넓다고 합니다.
그런데, 이렇게 큰 나무관을 이고도 어떻게 쓰러지지 않고 버틸 수 있을까요?

그것은 직선으로 뻗은 나무줄기에서
보조 줄기들이 아래로 뻗어 커다란 나무관을
지탱해 주기 때문입니다.

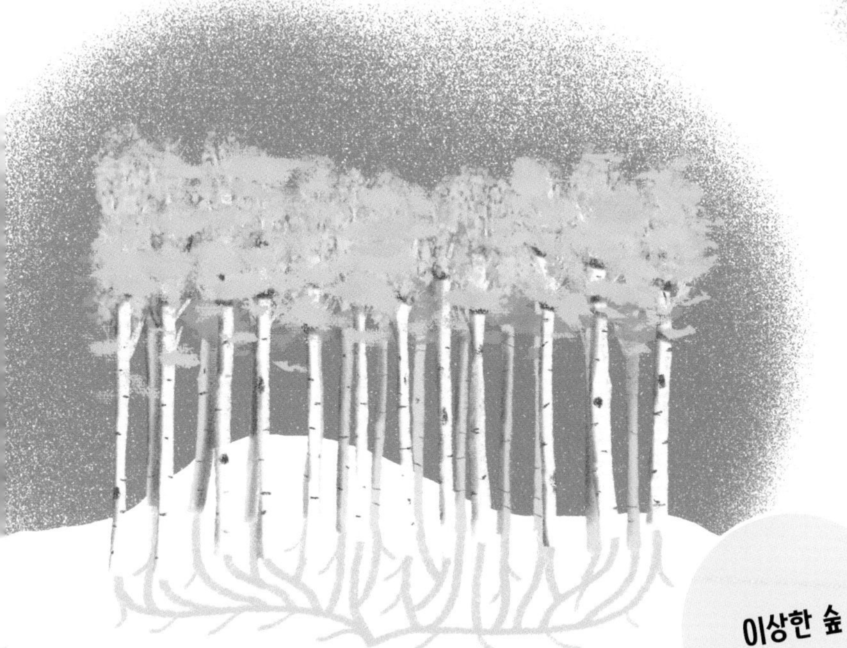

단 한 그루의 나무로 이루어진 숲!

이상한 숲

사시나무

전문가들은 미국에서 한 그루의 나무로 이루어진 숲을 발견했습니다!
바로 '판도'라고 부르는 나무숲입니다. **어떻게 된 거냐고요?**

한 그루의 사시나무가 여러 개의 나무줄기를 만들어내면서
숲이 형성된 것입니다.

뿌리

우리 눈에는 잘 보이지 않지만, 뿌리는 나무에서 가장 중요한 부분이라고 할 수 있습니다. 실제로 나무뿌리는 세 가지 중요한 역할을 합니다. **나무를 땅에 단단히 고정시켜** 쓰러지지 않게 하고, **흙에서 물과 영양분을 흡수**하며, 주변 환경에 대한 중요한 정보를 제공하는 **감각기관**의 역할도 합니다.

뿌리가 어떻게 그런 일을 할까요?

뿌리의 새로 난 부분은 **뿌리털**이라는 특수 조직으로 덮여 있습니다. 이 뿌리털은 땅속으로 자라나 뿌리의 면적을 넓히고, 영양분을 흡수하며, 땅속 곰팡이 등 생명체와의 교류를 돕습니다.

두뇌와도 같은 역할을 해요!

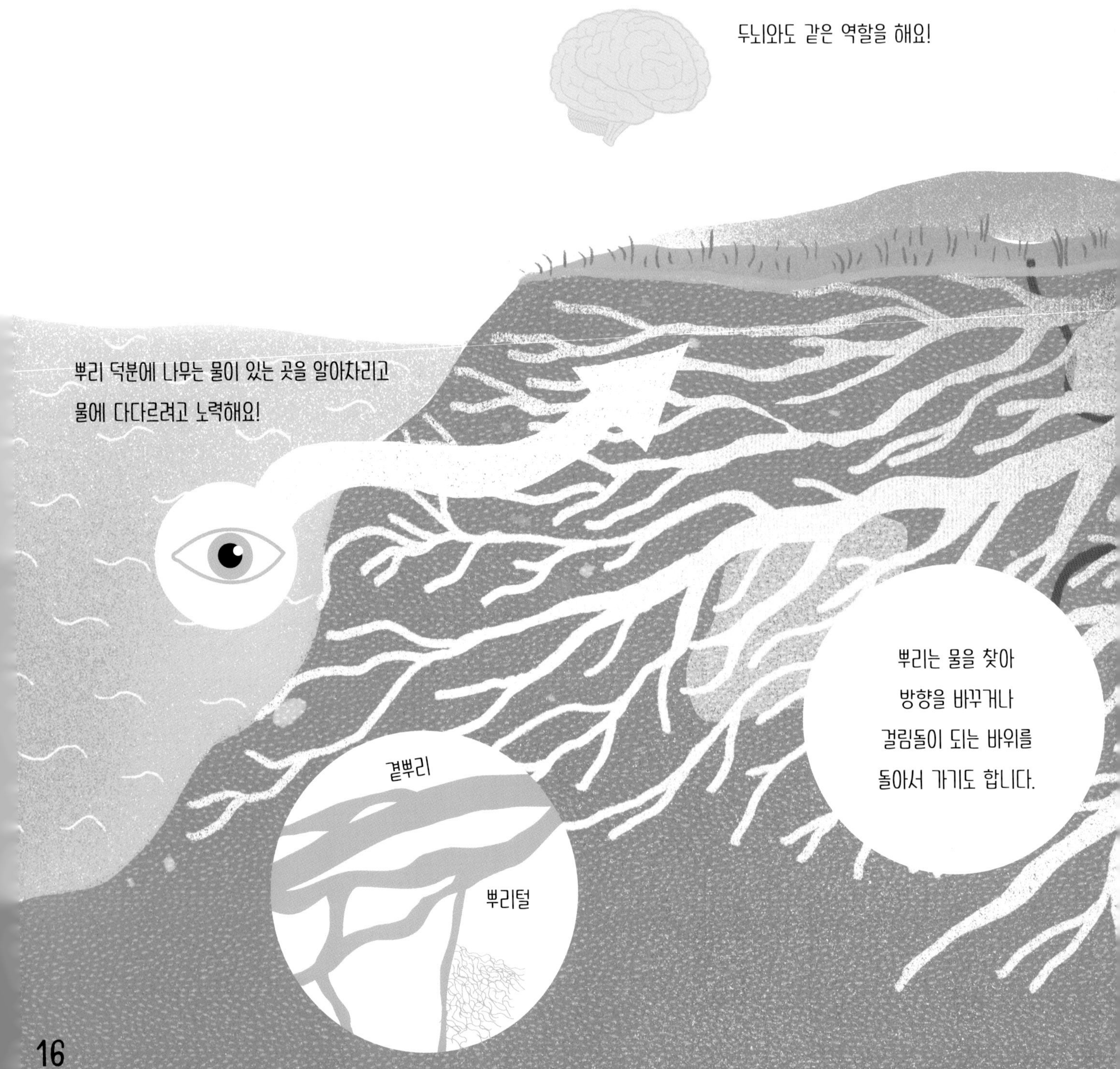

나무의 뿌리가 얼마나 크냐고요?
때로는 나무의 머리 부분(나무관)보다
더 큰 면적을 차지하기도 합니다!
뿌리털은
나무가 다른 생명체와
교류할 수 있게
해 줍니다.
뿌리는 항상 땅속에만 있을까요?
아니요! 몇 가지 예외가 있습니다!
페이지를 넘겨서
그 세 가지 경우를
알아보세요!

특이한 뿌리

나무는 종, 기후, 주변 환경에 따라 모양을 바꿀 수 있어요. 심지어 뿌리가 땅 밖으로 나오기도 합니다.

여기 이상한 뿌리의 세 가지 예가 있습니다.

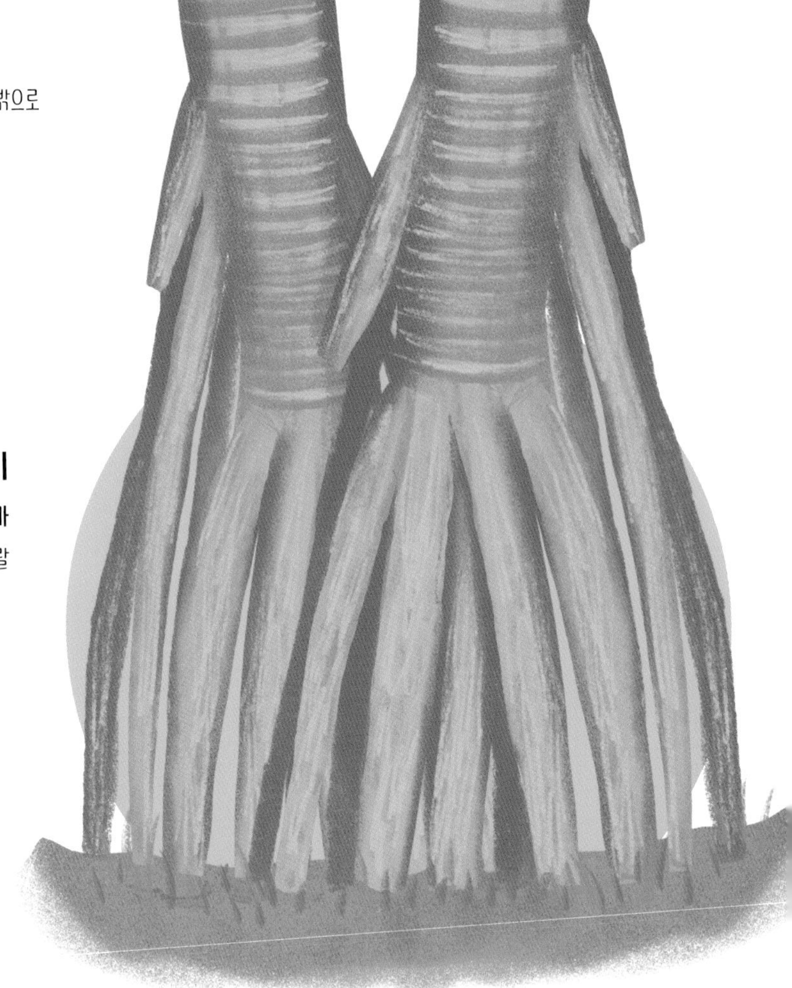

공기뿌리

열대 지역에서 자라는 일부 나무는 **가지에서 특별한 뿌리가 자라납니다.** 이것을 '공기뿌리'라고 부르는데, 나무가 더 크게 자랄 수 있도록 옆의 나무를 붙잡아주는 역할을 합니다.

파괴력의 챔피언!

아스팔트를 깨는 나무뿌리를 본 적이 있나요?
나무는 어떻게 그렇게 단단한 물질을 부숴 버릴 수 있을까요?

뿌리는 물과 영양분을 찾기 위해 아주 좁은 공간까지 뻗어 나갑니다. 일단 나무가 뿌리를 내리면, 뿌리가 점점 굵어지면서 바위를 부수고, 철문을 휘게 하며, 심지어 아스팔트까지 들어 올립니다!

물속 뿌리
맹그로브 숲에는 바닷가에서 살며 물 위에 떠서 숲을 이루는 나무들이 있습니다.
이 특수한 뿌리들은 밀물 때에 물속에 완전히 잠겼을 때도 나무를 지탱해 줍니다. 이 뿌리 덕분에 나무는 짠물 속에서도 살아남을 수 있습니다.
맹그로브 숲에는 물고기부터 양서류, 파충류, 조류에 이르기까지 다양한 동물들이 살고 있습니다.

줄기

줄기는 위로 자라면서 **가지와 잎을 지탱해주는** 나무의 한 부분입니다. 줄기는 식물의 여러 부분에서 흡수되고 만들어진 **물과 영양분을 운반**하는 통로 역할도 합니다. 마치 고속도로처럼 좁은 수로를 이용하여 물질들을 끊임없이 순환시킵니다.

줄기는 겨울이나 매우 더운 여름처럼 힘든 시기에 나무가 사용할 양분을 담아 두는 **저장고 역할도** 합니다.

줄기의 안쪽은 어떻게 생겼을까요?

줄기를 잘라 단면을 보면 목질로 이루어진 **동심원 모양의 테**가 보입니다. 이곳은 땅에서 나무 꼭대기까지 물과 미네랄[1]을 운반하는 조직입니다.
나무들은 저마다 나이테를 형성합니다. 줄기의 바깥층에 만들어지는 나이테는 높이뿐만 아니라 폭으로도 자랍니다. 줄기에 난 나이테를 세면 나무의 나이를 알 수 있습니다. 다음 페이지에서 나무의 나이를 세어 보세요!

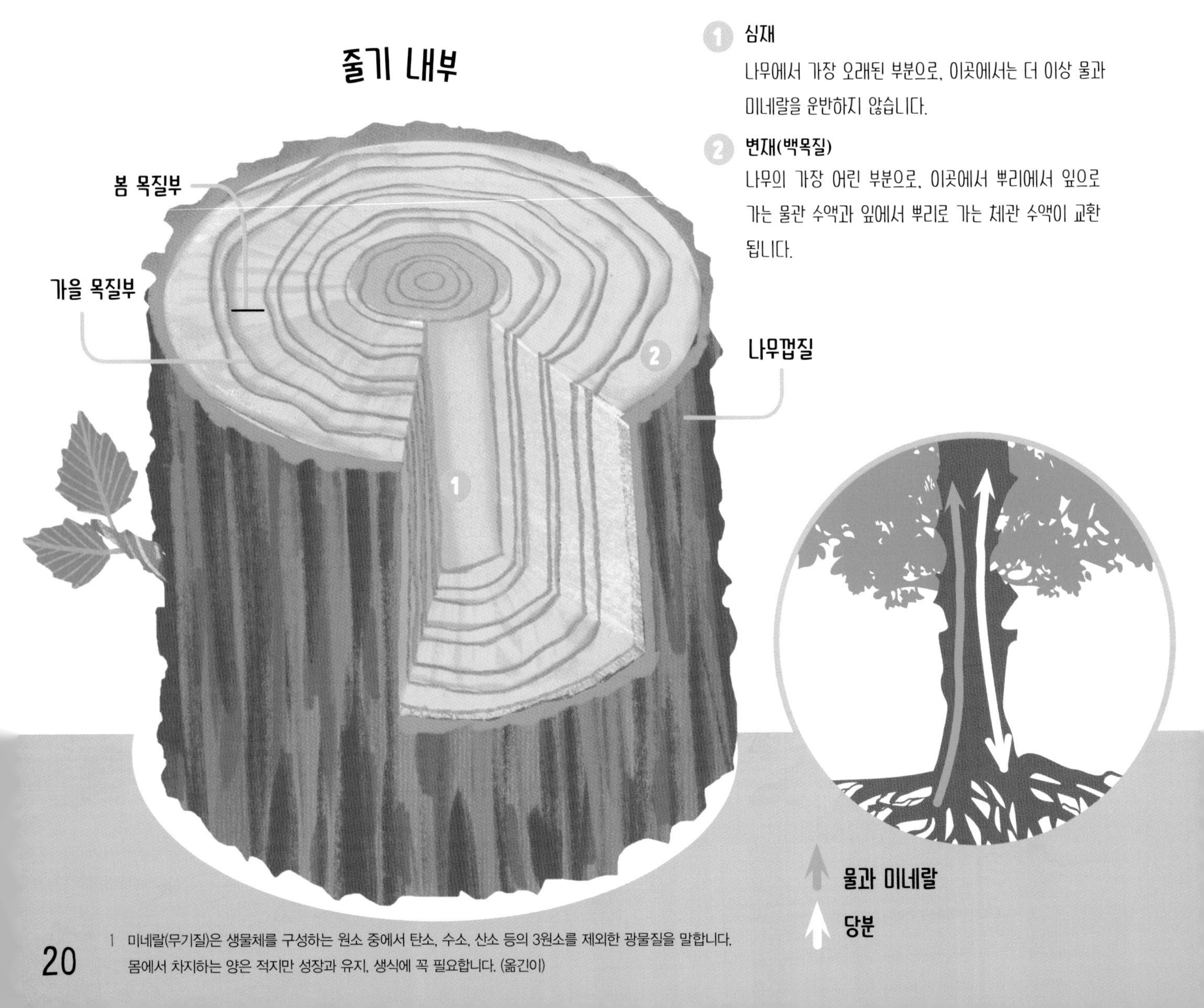

① **심재**
나무에서 가장 오래된 부분으로, 이곳에서는 더 이상 물과 미네랄을 운반하지 않습니다.

② **변재(백목질)**
나무의 가장 어린 부분으로, 이곳에서 뿌리에서 잎으로 가는 물관 수액과 잎에서 뿌리로 가는 체관 수액이 교환됩니다.

1 미네랄(무기질)은 생물체를 구성하는 원소 중에서 탄소, 수소, 산소 등의 3원소를 제외한 광물질을 말합니다. 몸에서 차지하는 양은 적지만 성장과 유지, 생식에 꼭 필요합니다. (옮긴이)

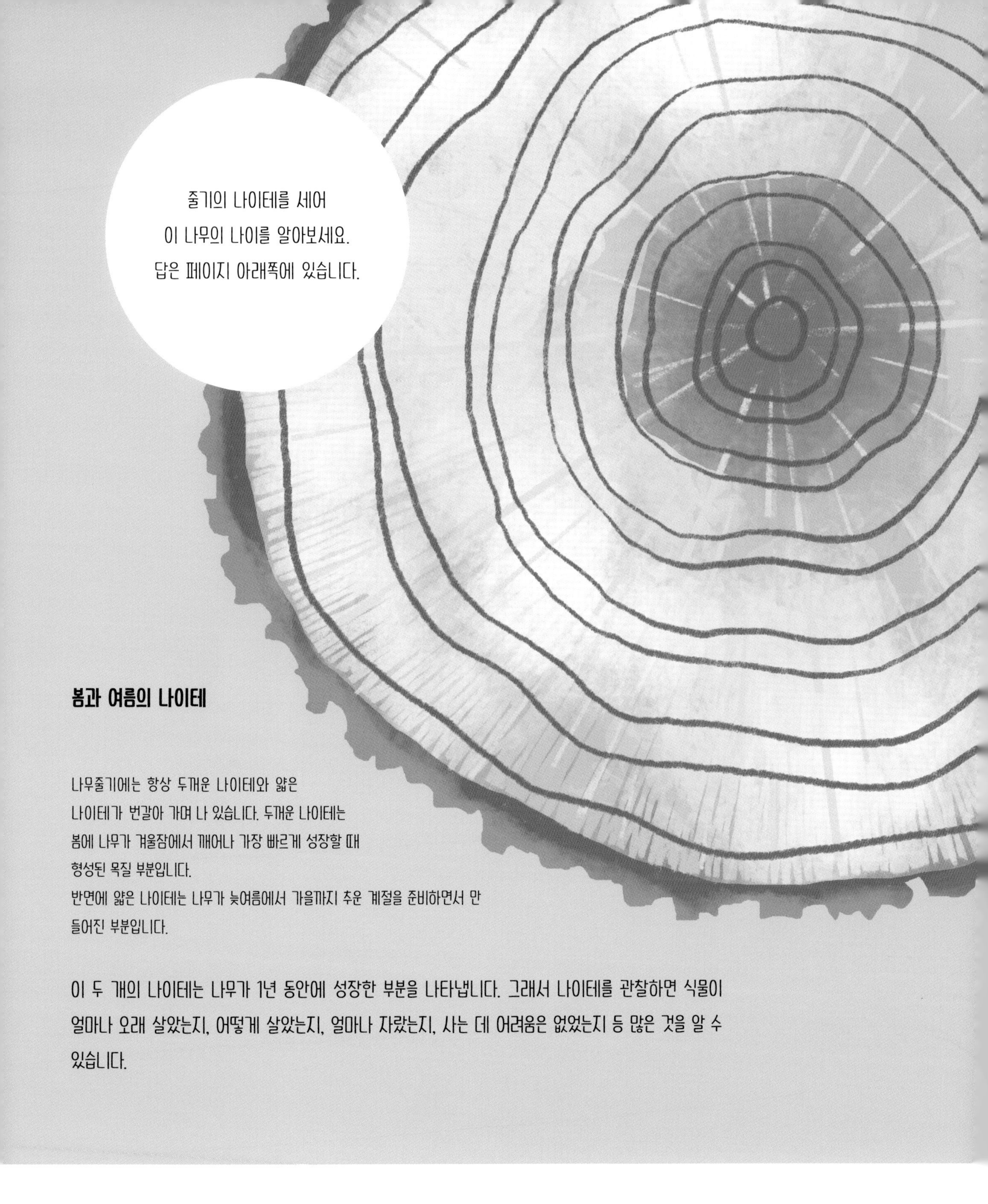

봄과 여름의 나이테

나무줄기에는 항상 두꺼운 나이테와 얇은
나이테가 번갈아 가며 나 있습니다. 두꺼운 나이테는
봄에 나무가 겨울잠에서 깨어나 가장 빠르게 성장할 때
형성된 목질 부분입니다.
반면에 얇은 나이테는 나무가 늦여름에서 가을까지 추운 계절을 준비하면서 만
들어진 부분입니다.

이 두 개의 나이테는 나무가 1년 동안에 성장한 부분을 나타냅니다. 그래서 나이테를 관찰하면 식물이 얼마나 오래 살았는지, 어떻게 살았는지, 얼마나 자랐는지, 사는 데 어려움은 없었는지 등 많은 것을 알 수 있습니다.

나이테 측정 연구: 나무의 나이테를 연구하는 학문이 있습니다. 그리스어 덴드론(Dendron=나무)과 크로노스(Chronos=시간)가 합쳐진 덴드로크로놀로지(Dendrochronology)라는 학문입니다. 이 학문은 나이테를 분석하여 과거의 기후 변화와 자연환경을 연구하는 데 필요합니다.

이 나무의 나이는 13살입니다.

나무껍질

나무껍질은 나무의 피부와 같습니다. 외부 환경과 포식자로부터 나무를 보호하고, 더울 때는 수분을 잃지 않도록 막아 주는 역할을 합니다.

가까이서 보면 모든 나무껍질에는 공통적인 면이 있습니다. 바로 작은 점으로 이루어진 반복적인 패턴과 수직 또는 수평으로 깊거나 얕게 패인 절개선입니다.

하지만 나무껍질이 모두 같지는 않아요!

어떤 나무는 얇은 껍질을 가지고 있고, 또 어떤 나무는 두꺼운 껍질을 가지고 있습니다. 껍질이 깊게 갈라진 나무도 있고, 주름이 많은 나무도 있습니다. 어떤 나무는 나뭇잎처럼 얇게 벗겨지기도 하고, 어떤 나무는 날카로운 가시가 있거나 껍질 색깔이 변하기도 합니다.

여기에 매우 특이한 나무껍질의 몇 가지 예를 소개해 볼게요!

코르크참나무

"**코르크**"라고 불리는, 독특하고 두꺼운 껍질을 가진 참나무는 불에 잘 타지 않아 산불에서도 살아남을 수 있습니다.
실제로 코르크는 공기로 가득 채워진 세포로 이루어져 있고, 열에 잘 견디는 물질로 덮여 있어 불에 잘 타지 않습니다.

시나몬 나무

대부분의 향신료는 식물에서 추출됩니다. 예를 들어, 향긋한 시나몬은 나무껍질에서 나옵니다. 시나몬 스틱은 나무껍질을 벗겨내어 말린 것입니다.

버드나무

이 나무의 껍질이 특별한 이유는 눈에는 보이지 않지만 중요한 성분이 들어 있기 때문입니다. 1800년대 후반, 몇몇 화학자들이 버드나무(*Salix*속의 식물들) 껍질에서 살리실산이라는 성분을 발견했습니다. 이 성분은 오늘날 많은 의약품에 사용되고 있습니다.

케이폭나무
열대 지역에서 자라는 이 나무의 줄기에는
가시 껍질이 있어 훌륭한 방어 무기로 사용됩니다.
이 나무의 껍질은 색깔도 매우 독특한데,
세로로 갈라진 틈 사이로 종종 주황색이나 빨간색의
어린 새살이 드러납니다!
레인보우 유칼립투스
주로 호주에서 볼 수 있는 이 나무는 예술 작품처럼
아름답습니다. 나무껍질의 오래된 부분이 큰 조각으로
떨어져 나가면서 어린 부분이 노출되고,
이 부분은 시간이 지나면서 녹색에서 파란색,
보라색, 주황색으로 변합니다.
이 나무의 줄기는 마치 화려하고 밝은 물감으로 색칠한
추상화 작품처럼 보입니다.
자작나무
어린 자작나무는 껍질이
온통 흰색이고,
오래된 부분은 얇은 종잇장처럼
벗겨지기도 합니다.

잎

잎은 광합성*이라는 과정을 통해 식물이 영양분을 얻고 숨을 쉬도록 중요한 역할을 하는 기관입니다. 잎은 수천 가지 다양한 모양을 가지고 있지만, 몇 가지 공통된 부분을 가지고 있습니다.

가장자리(엽연)

잎의 부위

잎몸은 잎에서 가장 넓은 부분을 차지하며, 광합성을 하는 데 필요한 엽록소가 풍부합니다.
녹색의 표면을 포함한 잎의 모든 부분에 엽록소가 있습니다.

잎 가장자리 또는 **엽연은** 잎의 가장자리를 말하며 잎의 모양을 결정합니다.

잎에는 '잎맥'이라고 부르는 '도관'이 지납니다. 잎에서 만들어진 영양분을 나무의 나머지 부분으로 운반하고, 뿌리가 빨아들인 물과 미네랄을 잎으로 운반하는 곳입니다. 즉, 잎맥은 사람의 혈관과도 같은 역할을 합니다.

잎맥

기공

모든 식물은 잎맥이라는 특별한 무늬를 가지고 있습니다.
이 무늬의 배열은 사람의 지문처럼 종마다 다릅니다.

잎의 표피는 잎몸을 보호하는 역할을 합니다. 표피에는 우리의 피부처럼 작은 기공*이 나 있습니다.

광합성은 식물 세포에서 일어나는데, 물과 이산화탄소 기체를 이용하여 스스로 당을 만들고 산소를 내보내는 과정입니다.
광합성에 대해 더 자세히 알고 싶으면 34페이지를 보세요.

기공은 식물의 잎에 난 작은 구멍인데, 여닫을 수 있는 이 작은 구멍을 통해 **이산화탄소나 산소 등의 가스**가 드나듭니다.
이 작은 구멍은 물이 풍부할 때는 열리고 물이 부족할 때는 닫힙니다. 이렇게 해서 식물은 물이 증발하는 것을 막을 수 있습니다.

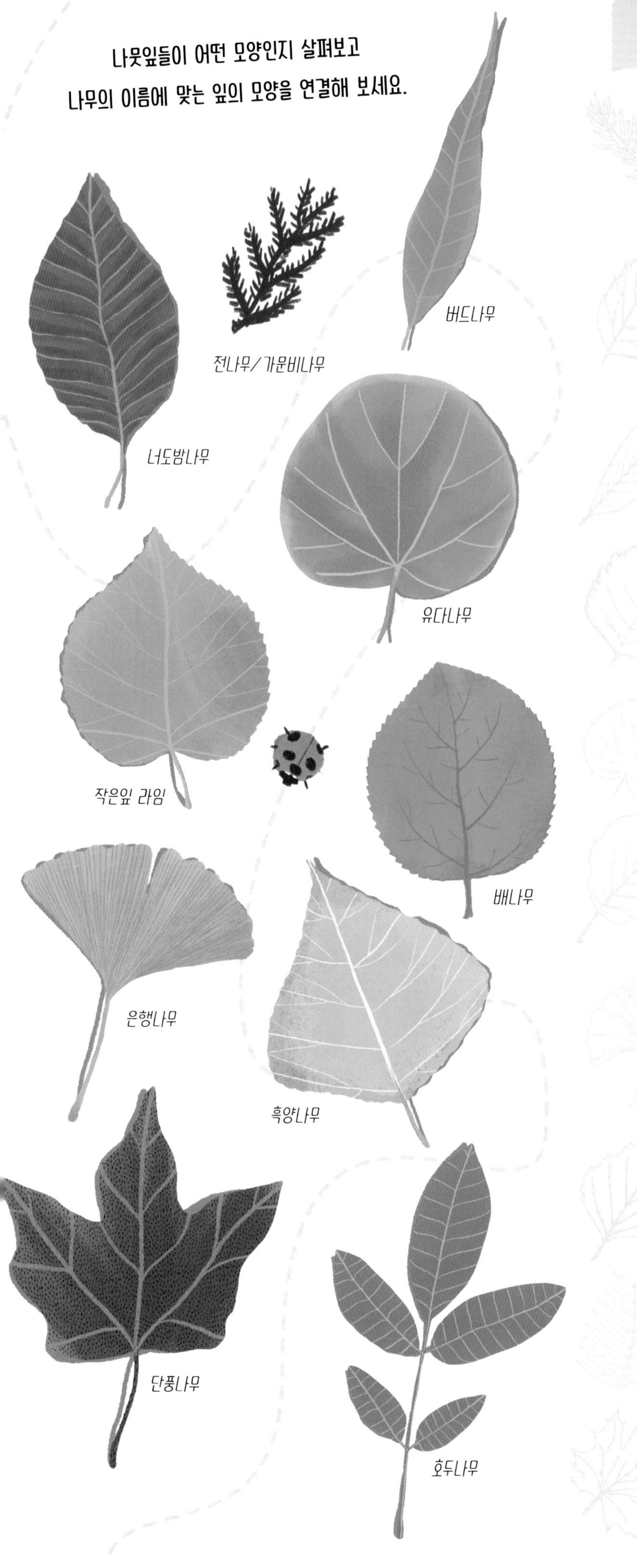

잎 모양

- **바늘형:** 잎이 바늘처럼 가늘며 때로는 가시처럼 찌르기도 합니다. 소나무와 전나무는 바늘형의 잎을 가지고 있습니다.
- **타원형:** 너도밤나무 잎처럼 가운데가 넓고 끝이 뾰족합니다.
- **창끝형:** 버드나무의 잎처럼 길고 가는 모양입니다.
- **달걀형:** 달걀 모양을 하고 있으며 잎의 넓은 부분이 가지 쪽을 향해 있습니다. 사과나무와 배나무 잎이 이런 모양을 하고 있습니다.
- **하트형:** 하트 모양. 작은잎 라임이 이런 모양입니다.
- **원형:** 유다나무의 잎처럼 원에 가까운 모양입니다.
- **부채꼴:** 은행나무 잎처럼 부채꼴입니다.
- **삼각형:** 흑양나무의 잎처럼 세모꼴입니다.
- **깃털형:** 새의 깃털과 비슷한 형태로, 중심축 주위로 작은 잎들이 배열되어 있습니다. 호두나무 잎을 예로 들 수 있습니다.
- **손바닥형:** 손을 펼친 모양으로, 단풍나무 잎을 예로 들 수 있습니다.

특이한 잎

모든 나무는 그 종만의 특별한 잎 모양을 가지고 있습니다. 하지만 예외도 있답니다!

이 세 가지 잎은 어떤 나무의 잎일까요?

하나의 나무! 바로 뽕나무의 잎이에요!

뽕나무는 **같은 가지에서 다른 모양의 잎**이 나기도 합니다. 이런 독특한 성질에 특별한 이유가 있는 것 같지 않아요.

호랑가시나무는 동물이 따 먹은 아래쪽 가지에서 잎이 새로 나면서 가장자리에 가시가 돋습니다. 이는 자신을 지키기 위한 **방어 수단**으로 생겨난 성질입니다.

이렇게 한 나무에 다른 잎이 돋는 것을 헤테로필리(Heterophylly) 즉, 이엽성*이라고 부릅니다.

호랑가시나무

**어떤 잎은 동물을 쫓아내기 위해
모양을 바꾸기도 해요!**

예를 들어,
아카시아는 가지를 따라
긴 가시들이 돋아 있어,
초식동물이 잎을 따 먹는 것을
막습니다.

**반면에, 어떤 식물은 동물을 유인하기 위해
잎의 모양이나 색을 바꾸기도 하죠!**

변형된 잎이라고 할 수 있는 **꽃잎**은 녹색 엽록소 대신 다채롭고 화려한 색소를 이용해 꽃가루 매개 곤충과 동물을 유인합니다.

헤테로필리(이엽성): 그리스어에서 유래한 단어로, 헤테로(hetero=다른)와 필리아(phillia=잎)를 합친 뜻입니다. 같은 식물에 다른 모양의 잎이 나는 현상을 말하며, 환경의 자극에 대한 반응으로 나타납니다. 포식자로부터 자신을 방어하기 위한 작용, 햇볕 노출에 대한 반응, 또는 외부 요인과는 관련이 없는 종의 고유한 특성에 의해 나타날 수 있습니다.

계절 주기

가을이 되어 날씨가 추워지고 낮이 점점 짧아지면 나무들은 서서히 잎의 색깔을 바꿉니다. 며칠 전까지만 해도 **초록색**이었던 잎들은 **갈색**, **노란색**, **주황색** 또는 **빨간색**으로 변하게 됩니다.

그리고 잎들이 가지에서 떨어지면서 나무의 계절 주기는 끝이 납니다.

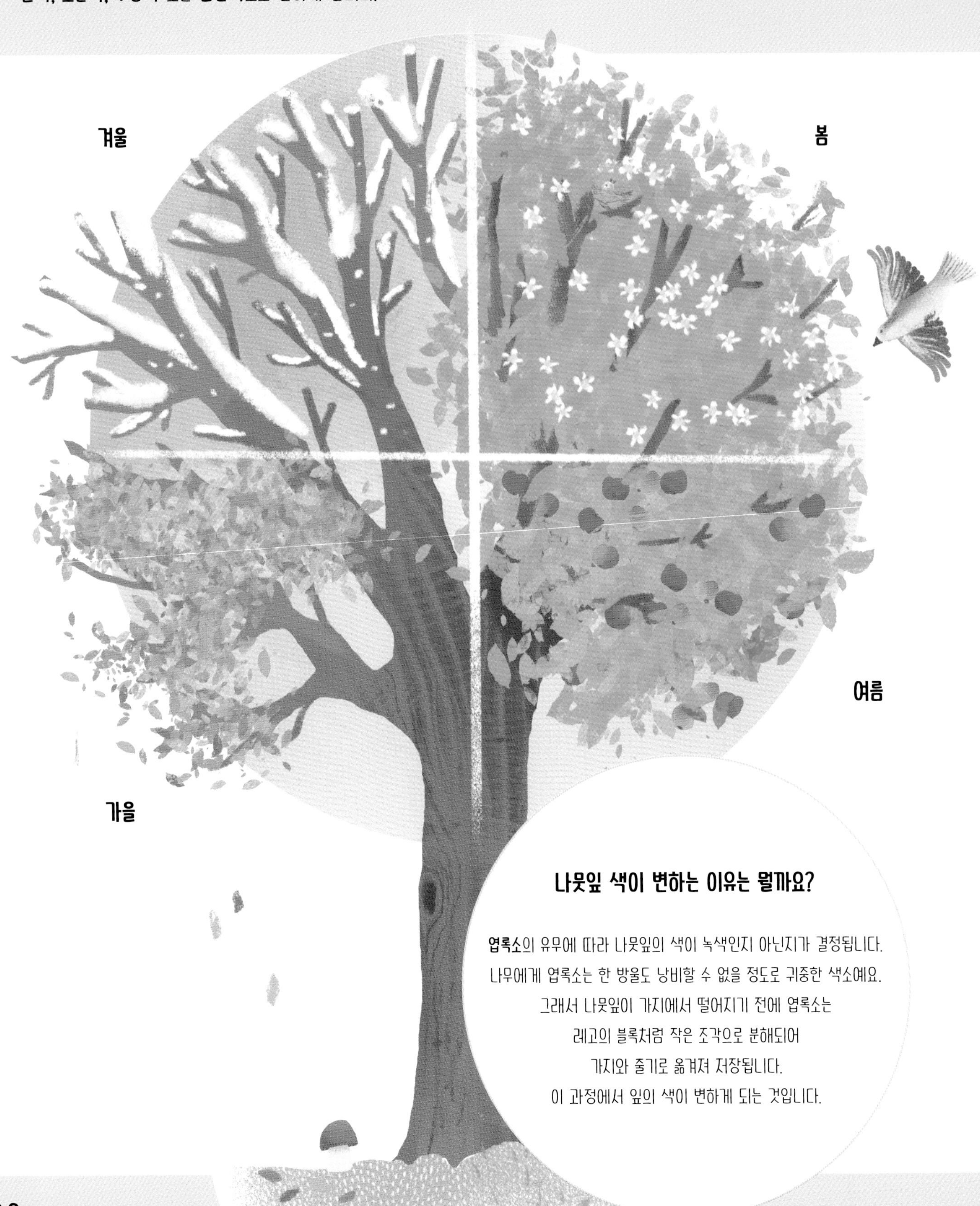

나뭇잎 색이 변하는 이유는 뭘까요?

엽록소의 유무에 따라 나뭇잎의 색이 녹색인지 아닌지가 결정됩니다. 나무에게 엽록소는 한 방울도 낭비할 수 없을 정도로 귀중한 색소예요. 그래서 나뭇잎이 가지에서 떨어지기 전에 엽록소는 레고의 블록처럼 작은 조각으로 분해되어 가지와 줄기로 옮겨져 저장됩니다. 이 과정에서 잎의 색이 변하게 되는 것입니다.

봄이 오면!

나무가 잠에서 깨어나는 봄이 되면 싹에서 새잎이 돋습니다. 잎들은 겨우내 그 자리에서 기다리다가 적당한 때가 되면 싹을 틔우고 잎으로 자라나게 됩니다.

나무가 싹을 틔울 때가 되었음을 알리는 신호는 일조량의 증가, 기온의 상승, 봄비, 그리고 눈이 녹으면서 늘어나는 물의 양 등입니다.

상록수로는 전나무, 가문비나무, 소나무, 사이프러스, 호랑가시나무와 올리브나무가 있습니다.

상록수

상록수라고 불리는 나무들은 겨울에도 잎을 달고 있습니다. **침엽수**와 지중해 주변에 사는 여러 종의 나무들이 이에 해당합니다.

상록수들도 잎이 떨어지나요? 언제요?

상록수는 **주기적으로** 늙은 잎을 떨어뜨려 새잎으로 교체합니다. 하지만 이 나무들은 잎이 한꺼번에 떨어지지 않아 완전히 헐벗은 모습을 볼 수 없습니다.

2 장

나무의 일생

나무와 사람의 같은 점과
다른 점은 무엇일까요?

나무는 어떻게 태어날까요?
그리고 무엇을 먹으며
살아갈까요?
나무는 어떻게 번식하고
숨 쉬며, 이동도 하고
대화도 나눌 수 있을까요?
또, 나무는 어떻게 병들고
죽을까요?
이 모든 궁금증을
함께 풀어 보겠습니다.

나무는 어떻게 태어날까요?

나무는 저마다 종류와 생김새가 다르지만, 모두 **씨앗**에서 싹을 틔워 태어난다는 공통점이 있어요. 각각의 씨앗 속에는 "이제 때가 되었어!"라는 **신호**를 기다리며 잠들어 있는 작은 나무가 들어 있습니다. 어떤 씨앗은 습기, 어떤 씨앗은 빛, 어떤 씨앗은 온도에 반응하여 깨어납니다.

씨앗은 어디에 숨어 있나요?

나무의 씨앗은 **열매** 안에 담겨 있습니다.
열매의 주된 역할은 **씨앗을 널리 퍼뜨려** 나무가 **번식**할 수 있도록 돕는 것입니다.

열매 속의 씨앗은 놀라운 방법을 써서 멀리 떨어진 곳에서 새로운 나무로 자라납니다. 그 몇 가지 방법을 알아볼까요?

냄새 나는 씨앗!

바오밥나무의 씨앗은 코끼리가 즐겨 먹는 **열매** 안에 있습니다.
열매가 코끼리 뱃속의 소화기관을 통과하면 씨앗을 둘러싸고 있던 두꺼운 껍질이 벗겨진 채로 배설물과 함께 배출됩니다. 이렇게 배출된 씨앗은 흙에 도달하여 바오밥나무로 자라게 됩니다.

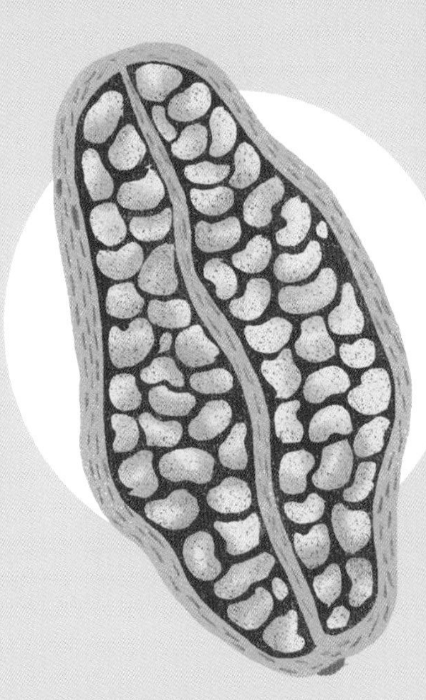

이 냄새 나는 과정이 없다면 씨앗은
싹을 틔울 수 없겠죠?

물 위에서 떠다니는 씨앗

코코스야자의 열매인 코코넛은 껍질이 매우 단단하고 안에는 **공기**가 가득 차 있어 바닷물에 오래 **떠다닐** 수 있습니다.
이렇게 바다에서 먼 거리를 이동하여 해변에 도착한 코코넛은 싹을 틔우고 새로운 야자나무로 자라나게 됩니다.

폭발하는 씨앗

열대에서 자라는 후라 크레피탄스라는 나무의 열매는 엄청난 **폭발력**을 지닌 것으로 유명해요!
열매가 익으면 어느 날 갑자기 '펑' 하고 폭발하여 씨앗이 최대 **100미터**까지 날아갑니다. 이러한 폭발력 덕분에 이 나무는 동물이나 바람에 의존하지 않고도 먼 곳까지 씨앗을 퍼뜨릴 수 있습니다.

갑옷에 싸인 열매

스위스잣나무의 솔방울에는 우리가 '잣'이라고 부르는 씨앗이 들어 있습니다. 그런데 잣은 완전히 익어도 솔방울에서 **스스로 떨어지지 않아요!** 그렇다면 잣이 어떻게 솔방울에서 **빠져나올 수 있을까요?**
잣까마귀라는 새는 강한 부리로 솔방울에 구멍을 뚫어 씨앗을 꺼내 먹습니다. 겨울이 다가오면 잣까마귀는 씨앗을 땅에 묻어 비축 식량으로 삼습니다. 하지만 잣까마귀가 숨겼던 씨앗을 다 찾아내지는 못해요. 이렇게 땅속에 남겨진 씨앗들이 어린 스위스잣나무로 자라나게 되는 겁니다!

하늘을 나는 씨앗

가벼운 프로펠러가 달린 이 씨앗은 헬리콥터처럼 빙글빙글 돌며 날거나, 행글라이더처럼 땅 위를 미끄러지듯 날아 멀리 떨어진 곳에 착륙합니다.

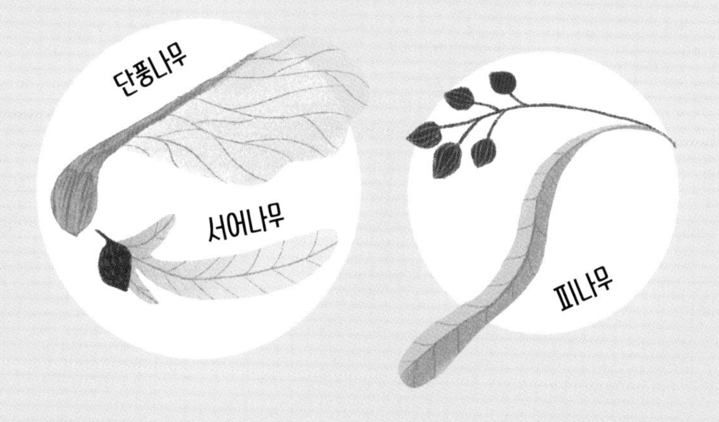

번식 전략

나무가 씨앗과 열매를 만들기 위해서는 **꽃가루받이***가 필요합니다. 자연에서는 다양한 방법으로 꽃가루받이가 이루어집니다.

어떤 나무는 바람을 이용해 꽃가루를 실어 나르는 풍매화라는 방법을 사용합니다.

다른 나무들은 동물의 도움을 받습니다. 이 방법을 **동물 친화** 또는 **동물 결합** 꽃가루받이라고 부르며, 곤충, 새, 박쥐와 같은 동물이 이를 돕습니다.

그렇다면 식물은 어떻게 동물의 도움을 받을까요?

동물의 도움을 받기 위해 식물은 일종의 **보상**을 제공합니다. 예를 들어, 꽃은 **꽃가루받이를 매개**하는 곤충에게 **꿀**을 보상으로 줍니다.

꿀을 찾아 꽃 위를 기어 다니는 곤충의 몸에는 식물의 **꽃가루**가 잔뜩 묻게 됩니다. 곤충은 이렇게 꽃가루를 묻힌 채 이 꽃에서 저 꽃으로 날아다니며 꽃가루받이를 합니다.

꽃가루에서 열매로

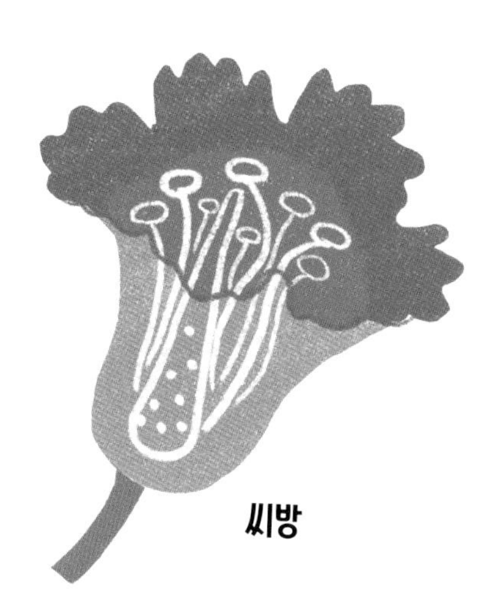

꽃가루받이가 끝나면 꽃에서 변화가 일어납니다.
즉 씨앗과 열매가 만들어지는 것입니다.

1. 이 중요한 과정은 **씨방**에서 일어납니다. 꽃의 한 부분인 이곳은 나중에 열매로 자라납니다.

2. 수분과 수정이 끝나면 꽃잎과 수술은 시듭니다. 곤충을 유인하는 역할이 끝났기 때문입니다.

꽃가루받이(수분): 꽃가루가 식물의 수컷에서 암컷에게로 옮겨가는 것을 말합니다. 이 과정은 수정과 씨앗의 발달을 가능하게 하는 중요한 단계입니다.

나무는 무엇을 먹고 살까요?

나무는 **독립영양생물**입니다. 즉, **광합성** 등의 과정을 통해 생존에 꼭 필요한 당과 같은 영양분을 스스로 만들어낼 수 있습니다.

하지만 나무가 살아가는 데 꼭 필요한 다른 물질도 있습니다.

나무뿌리는 물뿐만 아니라 엽록소 생성에 꼭 필요한 **무기염류**와 **질소**도 흡수합니다. 이런 물질을 얻기 위해 나무는 다른 생물체와 **협력**하는 방법을 배웠습니다. 뿌리털 근처에서 흔히 발견되는 곰팡이도 여기에 포함됩니다. 기억하시나요? 뿌리털은 16페이지에서 이야기한 적이 있어요.

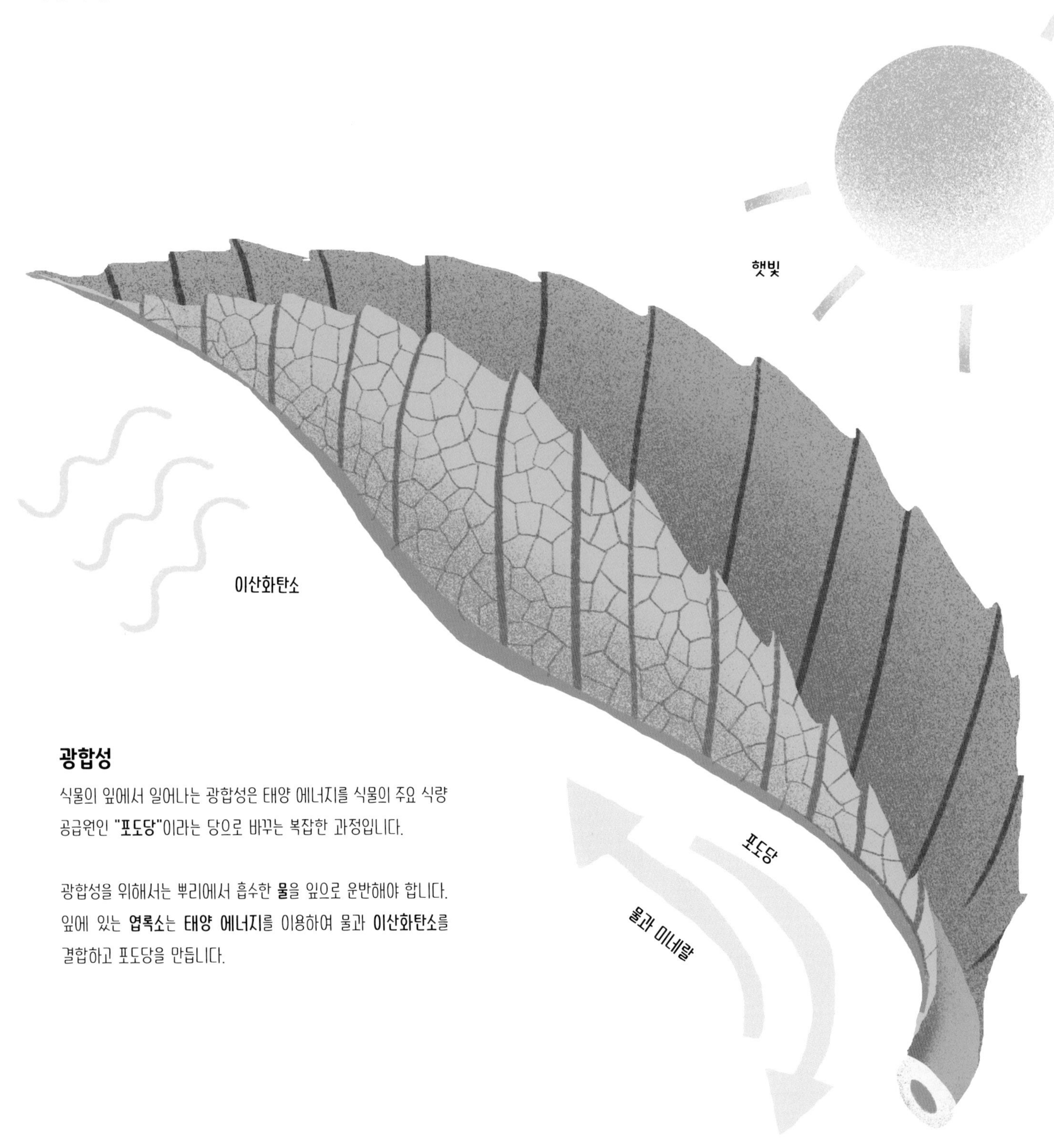

광합성

식물의 잎에서 일어나는 광합성은 태양 에너지를 식물의 주요 식량 공급원인 **"포도당"**이라는 당으로 바꾸는 복잡한 과정입니다.

광합성을 위해서는 뿌리에서 흡수한 **물**을 잎으로 운반해야 합니다. 잎에 있는 **엽록소**는 **태양 에너지**를 이용하여 물과 **이산화탄소**를 결합하고 포도당을 만듭니다.

광합성으로 생성된 포도당은 어디에 사용되나요?

포도당은 나무 전체에 영양분으로 보내지거나 **과일과 같은 나무의 한 부분**을 만드는 데 사용됩니다. 과일에서 단맛이 나는 것은 바로 이 당분 덕분입니다!

또한 나무는 포도당을 셀룰로스(섬유소)*로 바꿀 수 있습니다. **셀룰로스**는 나무가 태어나고 잘 자라는 데 도움을 주는 중요한 물질입니다.

광합성 덕분에 나무는 당분을 만들어냅니다.
이 당분은 나무 자신과
다른 생물(우리를 포함해서!)의 영양분으로 사용되며,
나무가 성장하는 데 필요한
셀룰로스를 만들기도 합니다.

셀룰로스: 모든 나무 세포에서 발견되는 아주 중요한 물질입니다. 셀룰로스는 세포가 모양을 유지할 수 있도록 해줍니다. 셀룰로스 덕분에 나무는 쓰러지지 않고 위로 자라며 새로운 잎과 뿌리를 만들 수 있습니다.

나무도 숨을 쉬나요?

광합성을 하면 산소가 공기 중으로 퍼져 나갑니다. 인간이나 다른 동물들처럼 나무도 숨을 쉬려면 이 기체가 필요해요!

나무는 어떻게 숨을 쉴까요?

나무는 동물이나 사람과 달리 공기를 들이마시고 가스를 교환하는 데 폐가 필요하지 않습니다. 나무는 잎, 뿌리, 줄기를 통해 주변에서 필요한 산소를 흡수하거나, 광합성을 통해 산소를 스스로 만들어내기도 합니다.

나무도 다른 생물들과 마찬가지로 **세포 호흡***이라는 기본적인 과정을 위해 산소가 필요합니다.

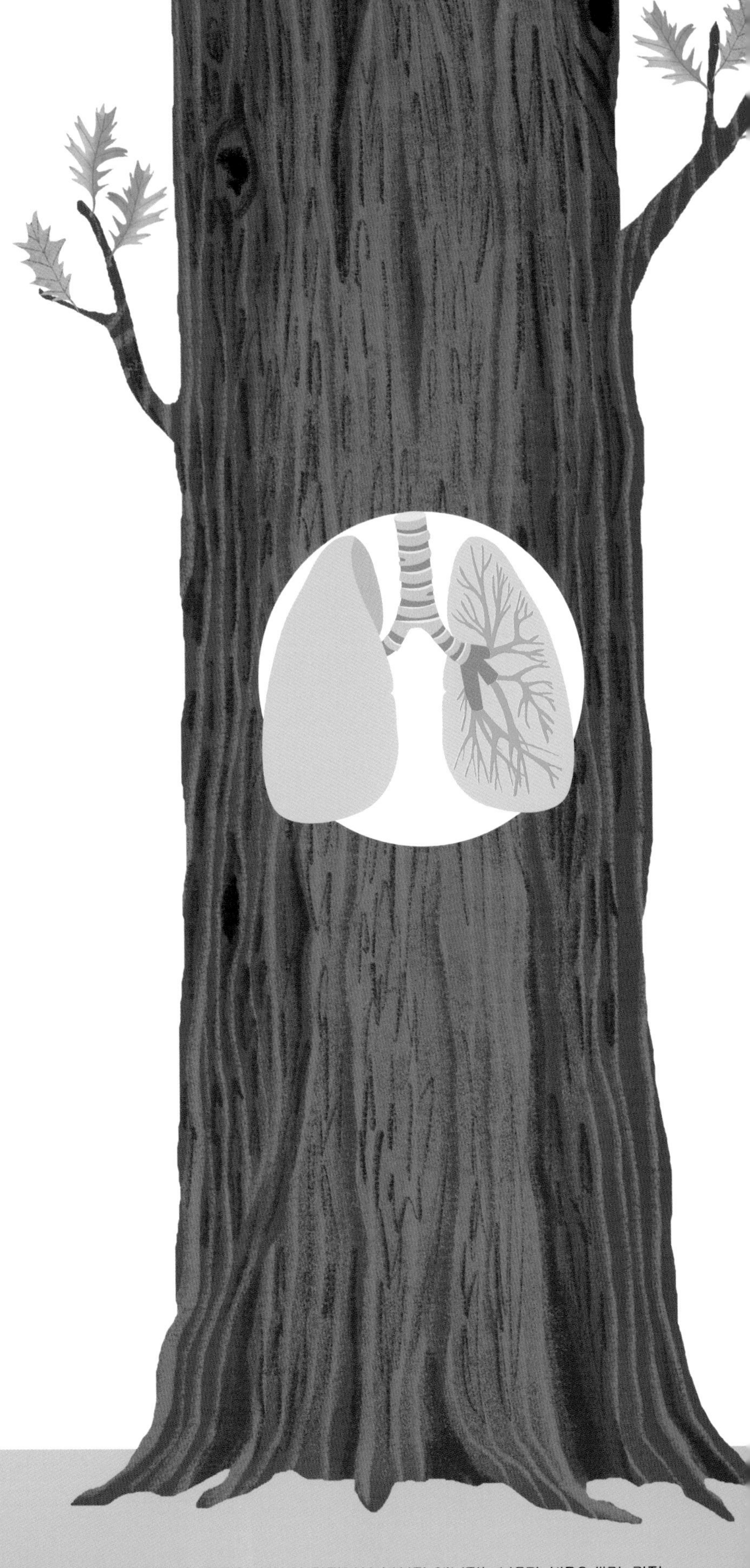

세포 호흡: 식물과 동물의 세포에서 당과 산소를 사용하여 에너지를 만들어내는 과정입니다. 이 과정에서 생성된 에너지는 나무가 새로운 뿌리, 가지, 잎을 자라나게 하는 데 중요하게 쓰입니다.

나무는 어떻게 움직일까요?

실제로 나무는 움직이지 못해요. 그러나 우리가 거의 알아차릴 수 없을 정도로 아주 느리고 작은 움직임은 있습니다! 예를 들어, 잎이 태양 쪽을 향해서 자라는 현상을 들 수 있습니다.

이외에도 나무는 움직이기 위해 놀라운 방법들을 고안해냈습니다. 여기 몇 가지를 소개해 볼게요.

자리 차지하기

숲은 항상 변화하고 있습니다.
한 나무가 쓰러지거나 베어지면, 근처에 있던 나무가 즉시 그 자리로 가지와 잎을 뻗습니다. 이렇게 나무들은 더 많은 공간과 빛을 얻기 위해 경쟁합니다.

딛고 오르기

어떤 나무들은 정말 빠르게 성장합니다. 예를 들어, 열대 지역의 어떤 고무나무 종은 **다른 나무를 타고** 자랍니다. 이렇게 해서 이 나무는 다른 나무보다 더 높이 자라고 더 넓게 가지와 잎을 뻗을 수 있어요.

다른 곳으로 옮겨가기

나무가 이동하는 가장 흔한 방법은 **열매와 씨앗**을 이용하는 것입니다 (31페이지를 다시 보세요).

이렇게 나무는 자리를 옮겨 새 공간을 차지하거나, 아무도 살지 않는 곳으로 이주하여 숲을 이루기도 합니다.

나무는 어떻게 경쟁하나요?

자연에서는 나무뿐만 아니라 모든 생물이 생존을 위해 다른 생물과 경쟁합니다. 나무도 예외는 아니어서 **빛**, **물**, **영양분**, **공간**을 두고 서로 경쟁하죠.

나무가 어떻게 경쟁하냐고요?
여기 세 가지 사례를 들어 볼게요.

햇빛 경쟁

큰 나무는 아래에 있는 작은 나무들에게 그늘을 드리워서 광합성을 하기 어렵게 만듭니다. 하지만 작은 나무들은 적은 햇빛에 적응하기 위해 **더 큰 잎**을 만들어내 적응합니다.

자리 경쟁

호두나무나 복숭아나무와 같은 일부 나무들은 땅에 **화학 물질을 퍼뜨려** 주변 식물들의 성장을 늦추거나 막습니다. 이런 전략으로 이 나무들 주변에는 항상 넓은 공간이 마련됩니다!

물 경쟁

나무는 뿌리를 통해 흙속의 물과 영양분을 차지하려고 경쟁합니다. 뿌리를 최대한 깊게, 멀리 뻗을 수 있는 나무는 그렇지 않은 나무보다 **쉽게 땅의 자원을 얻을 수 있습니다.**

나무는 어떻게 대화할까요?

나무는 말을 하거나 움직일 수 없지만 서로 소통할 수 있습니다. 나무는 **주변의 나무나 같은 생태계 안의 다른 생물과 중요한 정보를 주고받습니다.** 예를 들어, 해충이나 질병 같은 위험이 있을 때는 주변 나무들에게 경고하여 스스로 방어하도록 합니다.

나무는 우리가 이해할 수 없는 언어로 서로 소통합니다. 실제 나무의 '언어'는 뿌리에서 나오는 화학 물질입니다.

하지만 나무가 뿌리를 통해서만 소통하는 것은 아닙니다!

나뭇잎의 비밀 메시지

나무는 **잎**을 통해서도 소통할 수 있습니다. 나무가 해충에게 공격을 받으면 잎에서 특수한 물질을 공기 중으로 내보냅니다. 이를 통해 근처에 있는 나무들은 적의 존재를 알아차리게 되죠.

이러한 **의사소통과 방어의 연쇄반응**은 숲 전체로 퍼져 나가게 됩니다.

부끄럼 많은 나뭇가지

용뇌수 숲을 위에서 보면 나무들이 서로 닿지 않고 경계를 이룬 것을 볼 수 있어요!
전문가들은 이 독특한 방법이 한 나무에서 다른 나무로 기생충이 퍼지는 것을 막기 위해 고안된 것이라고 말합니다.
이 경우에는 오히려 서로 소통하지 않는 것이 숲이 살아남는 데 도움이 됩니다.

우드 와이드 웹 (나무 네트워크)

인터넷망(월드 와이드 웹)과 마찬가지로 나무도 같은 종끼리, 또는 다른 종까지 연결하는 네트워크를 만듭니다! 균류는 아주 가는 실(**균사**)을 이용해 땅속에서 진짜 거미줄 같은 네트워크를 형성하여 정보와 영양분을 교환합니다.

균들이 나무를 돕는 이유는?

나무가 균들을 도와주기 때문이에요! 균이 나무에 영양분을 제공하면 나무는 균에게 필요한 당분을 나누어줍니다. 나무의 뿌리와 균류의 균사 사이에서는 지속적으로 영양분 교환이 이루어집니다. 이를 통해 나무와 균류는 친구처럼 지내며 진정한 **공생 관계***를 이룹니다.

공생: 서로 다른 종으로 이루어진 생물들이 이익과 편의를 나누기 위해 협조하는 것을 말합니다.

흙에 감추어진 비밀을
아시나요?
흙은 지구에서 가장 복잡한 조직 중 하나입니다.
흙은 날씨나 생물에 의해 암석이 부서지고 동물과
식물이 분해되는 과정을 거쳐 형성됩니다.
(나무에게)
나쁜 균류
아무 대가 없이
나무에서 영양분만 훔쳐 가는
기생성 균도 있습니다.
흙은 다양한 생물들의 서식지이며,
이 생물들은 나무가 흡수하는 영양분이 지속적으로
만들어지도록 도와줍니다.
균사
한 줌의 흙에는
약 50킬로미터에 이르는
균사가 들어 있습니다.

나무는 얼마나 오래 살까요?

나무의 수명은 평균적으로 사람의 수명보다 깁니다. 나무가 오래 사는 비결은 자기 몸의 어떤 부분이 병들거나 상처를 입어도 언제든지 재생할 수 있기 때문입니다. 모든 식물들이 그렇듯이 나무도 뿌리나 잎처럼 **비슷하고 대체 가능한 성분**들로 이루어져 있습니다. 이런 특성 덕분에 나무는 **환경 변화에 빨리 적응**할 수 있습니다. 나무가 움직이거나, 걸어다니거나, 도망칠 수 없는데도 불구하고 오래 살아남을 수 있는 것은 이 때문입니다.

느린 삶!

나무의 수명은 크기가 아닌 성장 속도와
신체 조직에 따라 달라집니다.
세계에서 가장 오래 사는 브리슬콘 소나무와 올리브 나무는
매우 느리게 자라는데, 이는 마치
시간이 천천히 흐르는 것과 같은 효과를 줍니다.

포플러 나무의 초고속 성장!

포플러 나무는 매우 빠르게 자라기 때문에
천천히 자라는 나무에 비해 밀도가 낮고 가볍습니다.
이러한 특성 때문에 포플러 나무는 균류와 곤충의 공격을
받기 쉬우며, 이것이 나무가 죽는 주된 이유 중 하나입니다.

하지만 포플러는 아주 빠르게 자라기 때문에 사람들에게
인기가 많아요. 이 나무는 몇 년만 자라면 목재를 수확할 수
있어 **종이**를 만드는 데 많이 사용됩니다.

**나무가 사람들에게 어떻게 도움을 주는지 알아보려면
56페이지를 보세요.**

나무도 고통을 느끼나요? 나무는 어떻게 자기를 보호하나요?

나무는 뇌나 신경이 없어서 사람처럼 아픔을 느낄 수는 없지만, 그렇다고 고통을 겪지 않는 것은 아닙니다.

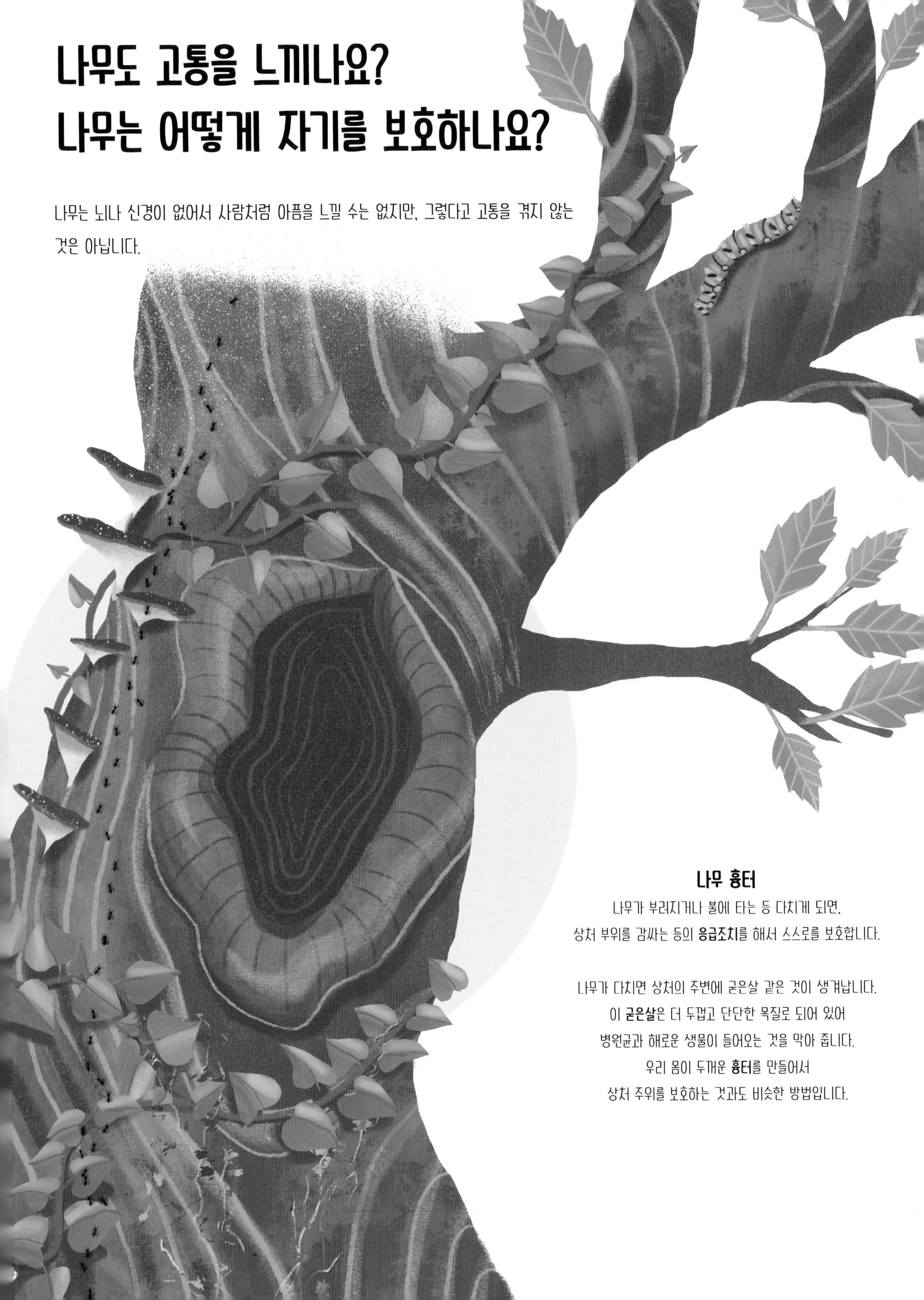

나무 흉터

나무가 부러지거나 불에 타는 등 다치게 되면,
상처 부위를 감싸는 등의 **응급조치**를 해서 스스로를 보호합니다.

나무가 다치면 상처의 주변에 굳은살 같은 것이 생겨납니다.
이 **굳은살**은 더 두껍고 단단한 목질로 되어 있어
병원균과 해로운 생물이 들어오는 것을 막아 줍니다.
우리 몸이 두꺼운 **흉터**를 만들어서
상처 주위를 보호하는 것과도 비슷한 방법입니다.

꺼져!

고무나무나 유포르비아(등대풀)속의 어떤 나무들은 하얀 고무액을 분비하는데, 이 액체에는 동물들을 자극하거나, 쫓아내거나, 심지어 중독시키는 물질이 들어 있습니다.

덕분에 이 식물들은 포식자들을 쫓아내 더 이상 자신을 해치지 못하도록 막을 수 있습니다.

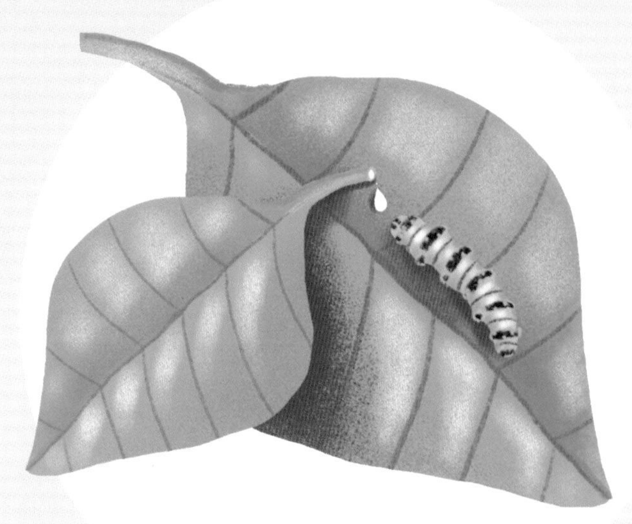

나무표 천연 연고!

전나무와 소나무 등 침엽수의 줄기 안에는 나무 진액을 운반하는 통로가 있습니다. 줄기나 가지가 손상되면 나무는 이 끈적한 물질을 즉시 내보냅니다.

이 진액은 즉시 상처를 덮어 외부의 위협이나 침입자로부터 나무를 보호합니다.

우리는 다치면 비명을 지르거나, 펄쩍 뛰거나, 도망치거나, 아프다고 호소하지만, 나무는 아무리 부상을 입어도 반응이 없습니다. 그렇다고 나무가 고통을 겪지 않는다는 말은 아닙니다!

나무의 죽음

나무도 늙고 약해지면 병이나 외부 환경에 저항하는 힘이 줄어들어 결국 죽게 됩니다.

나무의 저항력이 약해지면 곰팡이, 박테리아, 바이러스와 같은 **해로운 미생물**이 나무의 조직에 쉽게 퍼져 나무를 망가트릴 수 있습니다.

나무들에게는 **자연환경**도 위협이 될 수 있습니다! 강풍이나 폭우는 오래된 나무의 두꺼운 가지를 부러뜨리거나 죽게 할 수 있으며, 지속적인 가뭄과 같은 기후 변화는 숲 전체를 위험에 빠뜨릴 수도 있습니다.

또한, 숲은 나무를 베거나 농사를 위해 땅을 개간하는 등 인간의 활동으로도 위협을 받습니다.

숲의 나무가 죽으면?

나무가 죽는 것은 숲에서 늘 일어나는 일입니다. 오히려 나무의 죽음은 숲을 건강하게 유지하고 새로운 종과 개체가 생겨나는 데 도움이 되죠.
게다가, **쓰러진 나무의 잔해는 곤충, 곰팡이, 박테리아나 여러 다른 식물들이 태어나고 성장하도록 도와주는 소중한 생명 자원**입니다.

쓰러진 나무의 줄기를 보면 거의 언제나
사슴벌레의 흔적을 발견할 수 있습니다.
이 곤충은 죽은 나무나 썩은 나무에 알을 낳습니다.
이후에 애벌레는 죽은 나무의 내부에 긴 터널을
파고 썩은 나무를 먹으며 몇 년 동안 살게 됩니다.

3 장

나무와 동물

어떤 동물에게는
나무가 좋은 먹잇감이 되고,
어떤 동물에게는 나무가 든든한
보금자리가 됩니다.

이 장에서는
나무와 동물의 관계에 대해
많은 이야기를 해 볼 겁니다.
그 이야기 속에는
정말 기발한 생존 전략과
적응 전략이 포함되어
있습니다.

새와 둥지

많은 새들이 나무에 둥지를 지어 알을 낳고 새끼를 키웁니다. 나무 위에 둥지를 만들면 땅 위의 포식자를 피할 수 있기 때문이죠. 하지만 그래도 안심하지 못하는 새는 놀라운 둥지 짓기 전략을 선보이기도 합니다.
그 다섯 가지 예를 소개해 볼게요.

멋진 건축가들!

수컷 **위버새**는 매우 복잡하게 둥지를 짓습니다. 풀잎과 나뭇가지를 엮어 자루를 거꾸로 매단 듯한 모양의 집입니다.

알을 품기 위해서는 둥지에 하나 또는 여러 개의 작은 방이 필요한데, 작은 구멍으로 이루어진 입구는 날지 않으면 들어갈 수 없도록 되어 있습니다.

저 시끄러운 소리는 뭐지?!

남부 아프리카에 사는 **소셔블위버 새**는 같은 종끼리 공동 주택을 만들어 삽니다. 이 새들은 풀잎을 이용해 나무 꼭대기를 덮을 정도로 커다란 둥지를 짓고 모여서 살아갑니다.

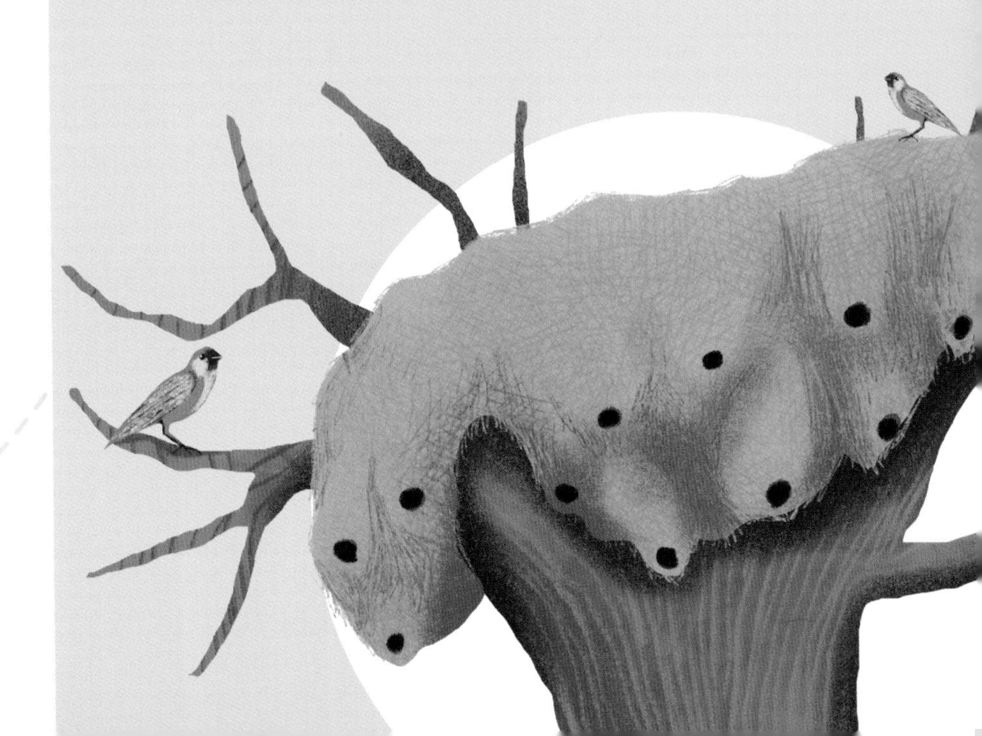

거대한 둥지

망치새는 "나무 위 대저택"에서 삽니다! 이 새의 둥지는 지름이 최대 2m에 이르며 표범의 무게를 지탱할 수 있을 정도로 튼튼합니다. 실제로 표범이 이 둥지를 잠자리로 사용하는 경우도 있습니다!

이 종의 수컷과 암컷은 10주에서 14주 동안 둥지를 짓는데, 뼈대를 완성하는 데만 약 8천 개의 나뭇가지나 덤불 뭉치가 필요하다고 합니다!

똑똑! 집에 누구 없나요?

딱따구리는 나무 위가 아닌 나무 속에 둥지를 틉니다! 딱따구리 부부는 알을 낳기 위해 이미 죽었거나 죽어 가는 나무를 찾아요. 죽은 나무는 살아 있는 나무보다 목질이 더 부드럽고 딱따구리가 좋아하는 곤충 먹이들이 많기 때문입니다.

딱따구리는 발톱으로 나무를 잡고 부리로 쪼기 시작합니다. 이렇게 둥지를 만들 만한 구멍이 생길 때까지 나무를 쪼아댄 뒤, 이곳에서 새끼들과 함께 생활합니다.

미니 둥지!

벌새는 세상에서 가장 작은 새 중 하나로, 사는 둥지도 매우 작습니다!

일부 벌새 종은 포식자의 눈을 피하기 위해 폭이 몇 인치밖에 되지 않는 둥지를 짓고 이끼로 덮어 위장합니다.

새들만이 아니예요!

새뿐만 아니라 많은 동물들이 나무를 자기 집처럼 사용해요. 일부는 나뭇가지 위에서 평생을 보내기도 하죠!

나무늘보

이 동물은 나뭇가지 위에 안전한 보금자리를 마련하고 먹이가 될 열매와 잎사귀를 찾습니다.
나무늘보는 배변을 위해 일주일에 한 번만 나무에서 내려온다고 해요!

수컷 나무늘보는 평생 한 나무에서만 살지만, 암컷은 새끼가 혼자서 살아갈 수 있을 만큼 키운 뒤 자신이 태어난 나무를 떠나 새로운 나무로 이주합니다.

양서류도 환영!

열대 우림에 사는 일부 개구리는 나무에 알을 낳습니다. 이들은 빗물이 고이는 특별한 모양의 나뭇잎을 산란 장소로 이용합니다. 개구리들뿐 아니라 작은 갑각류와 곤충들도 나무 위의 작은 호수에 최적의 산란 장소를 마련하곤 합니다.

지하 집

나무와 동물의 협력 관계는 땅속에서도 계속됩니다. 실제로 고슴도치, 다람쥐, 야생 토끼 같은 작은 포유류와 파충류, 곤충, 애벌레 같은 다양한 동물들이 나무뿌리 근처에서 안전한 살 곳을 찾습니다.

나무와 친한 곤충들

벌, 나비, 딱정벌레 같은 **꽃가루 매개 곤충은 나무**에게 중요한 역할을 합니다. 이들은 꽃에서 꽃으로 이동하면서 꽃가루를 운반해 꽃가루받이를 도와줍니다. (32페이지에서도 이야기했어요).

만약 꽃가루 매개 곤충이 없다면 많은 나무들은 살아남지 못할 것이고 이는 동물과 인간의 삶에도 큰 영향을 미치게 될 것입니다!

세 종의 생물 다양성 챔피언에 대해 알아봅시다!

꿀벌

꿀벌은 대표적인 꽃가루 매개 곤충으로, 인간이 **꿀**을 얻기 위해 기르는 양봉꿀벌 외에도 많은 종들이 꽃가루받이를 돕습니다.

꿀벌

어리호박벌

커다란 이 벌은 혼자서 살고 벌집을 만들지 않습니다. 대신 썩은 나무에 **작은 구멍**을 파서 그곳에 알을 낳습니다. 이 벌은 어두운 색을 띠고, 날개는 자줏빛을 내 열을 흡수합니다. 봄에 활동하며 꽃가루받이를 돕는 중요한 곤충입니다.

어리호박벌

큰땅뒤영벌

이 곤충은 보통 벌보다 크고 몸이 부드러운 솜털로 덮여 있습니다. 일반 벌보다 **적은 수의 집단**을 이루어 살고, 겨울이 오면 여왕벌만 살아남아 봄에 새로운 왕국을 만듭니다.

각박시나방(벌새매나방)

이 신기한 나방은 작은 날개를 매우 빠르게 퍼덕이며 꽃 앞에 떠서 꿀을 빨아먹습니다. 벌새를 닮은 모습과 빠른 움직임 때문에 "벌새매나방"이라고도 불립니다. 이 나방은 다른 나방과 마찬가지로 긴 **주둥이**를 가지고 있어 꽃의 깊은 구석에 있는 꿀까지 먹을 수 있습니다.

나무가 싫어하는 곤충들

나무와 함께 사는 동물들 가운데는 아주 작지만 나무의 건강과 생명을 위협하는 것들도 있습니다.

가위개미

가위개미는 중남미에 사는 곤충입니다. 수천 마리의 전사 개미 군단이 거침없이 정글을 가로지르며 많은 양의 나뭇잎을 모은 다음, **턱으로 자르고 잘게 부수어** 집으로 운반합니다.

이 개미들은 왜 그러는 걸까요?

나뭇잎은 개미집 지하에서 자라는 곰팡이들의 영양분이 되기 때문입니다.
그리고 이 곰팡이는 다시 개미 집단을 먹여 살립니다!

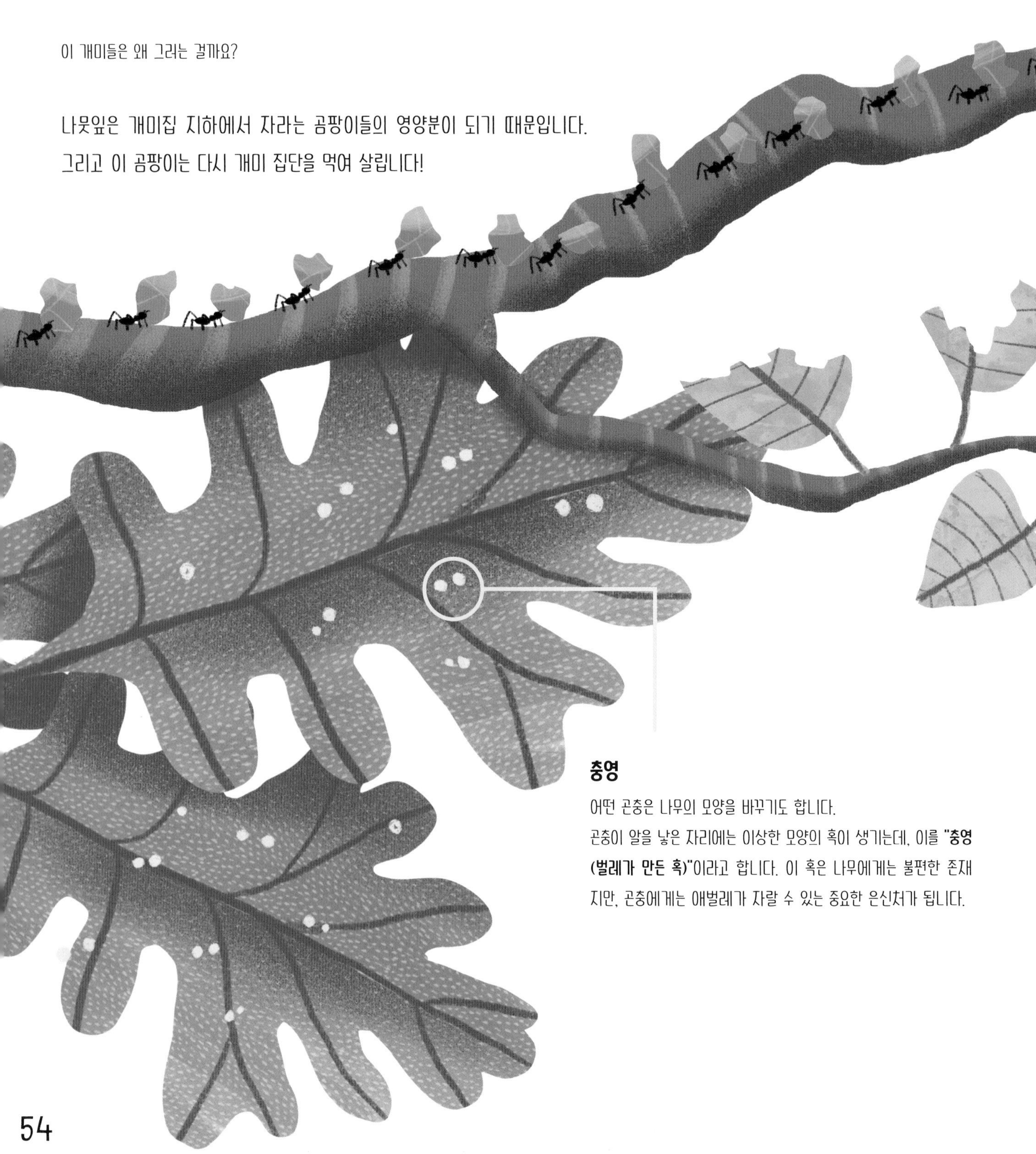

충영

어떤 곤충은 나무의 모양을 바꾸기도 합니다.
곤충이 알을 낳은 자리에는 이상한 모양의 혹이 생기는데, 이를 **"충영(벌레가 만든 혹)"**이라고 합니다. 이 혹은 나무에게는 불편한 존재지만, 곤충에게는 애벌레가 자랄 수 있는 중요한 은신처가 됩니다.

가위개미는
모든 열대 나무들의 적!

곤충뿐만 아니라 식물도 마찬가지!

어떤 식물은 살아남기 위해 다른 나무에 기생합니다.
대표적인 예로 겨우살이가 있습니다. 겨우살이는 가지와 줄기에 기생하며 거기에 뿌리를 내리고 삽니다.

실제로 이 식물은 나무에서 물과 영양분을 훔치는 특별한 뿌리를 가지고 있습니다.

겨우살이는 열매를 먹은
새들의 배설물을 통해
새로운 나무로 옮겨가 기생합니다.
새들은 자기도 모르게 겨우살이의
협력자가 되는 것이죠!

4 장

나무와 사람

나무는 아주 오래 전부터
조용히 우리 인간의 곁을 지켜
주며 함께 살아 왔습니다.

우리는 오랫동안 나무를
사용하는 방법을 배웠고,
그래서 나무가 사람들과 지구에
얼마나 중요한지도 알게 되었어요!

나무가 지켜주는 것들…

나무는 지구의 생물들이 살아가는 데 꼭 필요한 존재입니다. 그 중요성을 보여주는 네 가지 예를 들어 볼게요.

우리가 숨 쉬는 공기…

34페이지에서 이미 배운 것처럼, **나무와 식물은 광합성을 통해 우리가 숨 쉴 수 있는 산소를** 만들어 줍니다. 이 과정은 또다른 기체인 이산화탄소를 흡수하는 것으로 시작되는데, 이산화탄소가 너무 많아지면 기후 변화*의 원인이 됩니다.

나무가 없으면 우리가 숨 쉬는 공기의 질이 나빠지고 지구 온난화는 더욱 심각해질 것입니다.

숲은 지구의 거대한 '허파'이자 거대한 '공기 청정기'라고 할 수 있어요.

지구의 생명들…

나무와 숲은 지구에 사는 여러 생명체를 보호하고 생물 다양성을 지켜 줍니다. **나무와 숲이 없다면 많은 동식물과 곰팡이들이 살 곳을 잃게 될 겁니다.**

기온…

나무는 큰 나뭇가지로 그늘을 만들어 주변 공기를 시원하게 해 줍니다. 또한 숲은 **자연의 에어컨**처럼 시원하고 습한 공기를 만들어서 대도시의 열을 식혀 줍니다.

흙과 물

나무는 땅을 보호하고 물을 지켜주는 중요한 역할을 합니다. **나무의 뿌리는 배의 닻처럼 땅을 고정시키고 비옥하게** 만들어 줍니다.
또한 숲은 자연의 물 저장고로서 물을 보존하고 강의 흐름을 조절해 줍니다.

기후 변화: 기후는 온도와 강수량 같은 날씨 조건들이 오랜 시간 동안 관찰된 것을 말합니다. 최근 몇십 년 동안 인간의 활동 때문에 지구의 기후가 빠르게 변화하면서 온도가 걱정될 만큼 많이 올라가고 있어요.

나무와 인간의 진화

수 세기 동안 나무는 인류에게 꼭 필요한 자원이었습니다!

오늘날 나무의 도움 없이 살아가는 것은 정말 어렵습니다. 하지만 나무를 너무 많이 베지 않고 나무가 다시 자랄 시간을 준다면 나무를 계속 사용할 수 있습니다.

건물

예전부터 나무는 집이나 다리 같은 **건축물의 재료**로 사용되었으며, 거대한 석조 건축물의 지지대로도 사용되었습니다.

예술과 음악

나무는 조각품, 장난감, 장식용 물건 등 다양한 물건을 만드는 데 사용되며, 기타, 바이올린, 피아노, 플루트 같은 **악기 제작**에도 쓰입니다.

운송

옛날부터 나무는 **배나 기차 같은 운송수단을 만드는 데** 많이 사용되어 여러 문명이 발전하는 데도 큰 역할을 했습니다.

페니키아인들의 경우 큰 삼나무를 사용해 지중해 전역에서 무역과 탐험을했어요. 이 나무들은 키가 크고 줄기가 곧아서 최고의 배를 만드는 데 적합했습니다.

연료

나무는 오랫동안 **난방과 요리의** 연료로 사용되었는데, 오늘날에도 산간 지역이나 시골 마을에서는 여전히 나무를 연료로 사용하고 있습니다.

종이

우리가 매일 사용하는 종이는 나무에서 만들어집니다. 종이를 만드는 과정은 다음과 같습니다.

나무를 잘게 썰어 종이의 주성분인 **셀룰로스**가 풍부한 분말을 만듭니다.

나무 진액과 같은 불순물을 제거하여 분말이 흰색이 되도록 합니다.
이 과정에서 **물**을 첨가하여 **분말**을 찐득한 반죽으로 만듭니다.
혼합물을 완전히 평평한 표면에 펴서 바른 뒤에 눌러서 물기를 제거합니다.
이렇게 만든 얇은 종잇장을 말린 다음에 적당한 크기로 자릅니다.

우리가 생활에서 쓰는
나무의 다른 용도들도
생각해 보세요!

치유의 나무와 신성한 나무

오랜 세월 동안 사람들은 나뭇잎, 나무껍질, 뿌리, 수지의 치유력을 발견하고 이를 이용해 건강을 지켜 왔습니다.

티트리

가장 잘 알려진 약용 나무 중 하나는 호주가 원산지인 티트리입니다.
티트리의 잎은 **티트리 오일**이라는 에센셜 오일을 만드는 데 사용되는데, 이 오일은 **살균력**이 있어서 피부 문제를 치료하는 데 자주 사용됩니다.

님나무

이 나무는 인도가 원산지로, 나무껍질과 잎에서 추출한 오일을 소독제나 해충 퇴치제로 사용합니다. 이 나무가 자라는 지역의 전통 의학에서는 **기생충을 없애고**, 피부 질환을 치료하며, **상처를 빨리 낫게 하는 데** 이 오일이 효과가 있는 것으로 알려져 있습니다.

은행나무

중국이 원산지인 은행나무는 아주 오래된 나무입니다. 은행나무 잎에는 **혈액 순환을 좋게 하고 뇌를 건강하게 유지**해서 기억력 감퇴 같은 노화 질환을 예방하는 성분이 들어 있습니다.

예로부터 나무는 여러 문화권에서 숭배와 존경의 대상이었어요. 나무는 힘과 지혜를 상징하고, 영적인 세계와 연결된다고 여겨졌습니다.

보리수

보리수는 부처님이 그 아래서 깨달음을 얻었다고 전해지며 신성한 나무로 여겨집니다. **인도**에서는 커다란 보리수들이 주민들에 의해 정성껏 관리되고 있습니다.

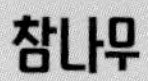

참나무

참나무는 북유럽과 고대 켈트족의 문화에서 신성한 나무로 여겨졌습니다. 참나무는 **힘**, **지혜**, **권력**, **고귀함**, **장수**를 상징했어요. 그래서 여러 귀족 가문의 문장(상징 도안)에도 사용되었습니다.

생명의 나무(바오밥나무)

아프리카와 마다가스카르에서 많이 자라는 바오밥나무는 그곳의 여러 문화권에서 신성한 나무로 여겨집니다. 이 나무는 오래 살고, 사람과 동물에게 식량과 물을 제공해서 그 지역에서는 **'생명의 나무'**라고도 불립니다.

조화롭게 사는 법

이 책을 통해 우리는 **나무가 얼마나 중요한지** 살펴보고 나무의 장점과 약점에 대해서도 배웠습니다.
하지만 우리는 나무를 소중하게 여기면서도 숲을 망치기도 합니다.

우리가 나무를 위해
할 수 있는 일은 무엇일까요?

재활용!

종이를 재활용하는 것은 정말 중요해요.
우리가 사는 종이가 지속 가능한 숲에서
나온 것인지 확인하고, 될 수 있으면
재활용 종이를 사용하는 것이 좋습니다!

환경 보호!

나무를 해치는 행동은 하지 말아야 합니다.
예를 들어, 나무껍질을 벗기거나 이유 없이
가지나 잎을 뜯거나, 뿌리 근처를 파는 등의
행동은 하지 말아야 해요.

하지만 우리가 할 수 있는
가장 중요한 일은 숲이나 공원 또는
나무 가까이 있을 때,
우리를 포함한 주변 환경을 느끼는 살아있는 생명체들이
우리와 함께 있다는 사실을 기억하는 거예요!

그러니 명심하세요!
나무를 그냥 물건으로
생각하지 말고
우리와 함께 살아가는 지구의
소중한 부분이라고
생각해야 해요!

I Segreti Degli Alberi

Piazzale Luigi Cadorna, 6
20123 Milan, Italy
www.whitestar.it

나무들의 비밀

초판 1쇄 발행 2024년 11월 29일

글쓴이 마시모 도메니코 노벨리노
그린이 에스테르 카스텔누오보·발렌티나 피구스
옮긴이 조정훈

펴낸이 김경옥
펴낸곳 (주)아롬주니어
편 집 박찬규
마케팅, 관리 서정원
디자인, 제작 디자인원(031.941.0991)

출판등록번호 제 2020-000340호
주 소 서울특별시 마포구 월드컵북로 162-4 1층
전 화 02.326.4200
팩 스 02.336.6738
이메일 aromju@hanmail.net

ISBN 979-11-91902-06-8 (73480)